普通高等教育电气类专业“十四五”系列教材

电工电子技术课程设计

(第2版)

徐英鸽 主编

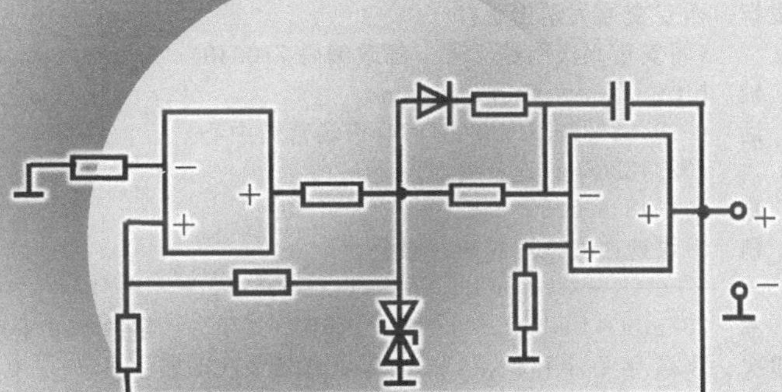

西安交通大学出版社
XI'AN JIAOTONG UNIVERSITY PRESS

内容简介

本书是普通高等教育电气类专业“十四五”规划教材，是高等工科院校非电类专业“电工电子技术课程设计”的配套教材，其主要特点在于加强理论联系实际，提高学生工程实践的能力。本书是在第1版的基础上总结、提高、修订编写的，内容主要包括电工电子技术课程设计基础，常用电工电子元器件、仪器的使用，电工技术课程设计，模拟电子技术课程设计，数字电子技术课程设计，Multisim 14.0 软件及应用等。

本书可作为高等工科院校本(专)科非电类专业，高等职业技术学院电子类、电气类和自控类等专业电工电子技术课程设计的教材，也可作为大学生参加全国大学生电子设计竞赛的参考书，可供从事电气相关工作的工程技术人员及广大电工电子技术爱好者参考。

图书在版编目(CIP)数据

电工电子技术课程设计/徐英鸽主编. -- 2版.
西安：西安交通大学出版社，2024.7(2026.1重印). -- ISBN 978-7-5693-1974-3

Ⅰ. TM-41；TN-41

中国国家版本馆 CIP 数据核字第 2024Z4X011 号

书　　名　电工电子技术课程设计(第2版)
DIANGONG DIANZI JISHU KECHENG SHEJI
主　　编　徐英鸽
参　　编　赵颖博　刘雪超　张　宇
策划编辑　田　华
责任编辑　邓　瑞
责任校对　王　娜
装帧设计　伍　胜

出版发行　西安交通大学出版社
(西安市兴庆南路1号　邮政编码 710048)
网　　址　http://www.xjtupress.com
电　　话　(029)82668357　82667874(市场营销中心)
(029)82668315(总编办)
传　　真　(029)82668280
印　　刷　中煤地西安地图制印有限公司

开　　本　787mm×1092mm　1/16　**印张** 9.375　**字数** 236千字
版次印次　2024年7月第2版　2026年1月第2次印刷
书　　号　ISBN 978-7-5693-1974-3
定　　价　25.00元

如发现印装质量问题，请与本社市场营销中心联系。
订购热线：(029)82665248　(029)82667874
投稿热线：(029)82668818
电子信箱：457634950@qq.com

前 言

本书是为高等工科院校非电类专业编写的一本实践性教材。本书在编写过程中参照了教育部颁布的高等工业学校“电工电子技术基础课程教学基本要求”，结合编者多年从事电工电子技术理论教学、电工电子技术实践性教学及电工电子技术竞赛活动的教学经验编撰而成。本书在第1版的基础上进行总结、提高、修订，突出了电工电子技术实践教学的系统性、实践性及创新性，是学生学习电工电子技术知识综合实践性训练的辅导用书，可作为高等院校本(专)科非电类专业，高等职业技术学院电子类、电气类和自控类等专业电工电子技术课程设计的教材，也可作为大学生参加全国大学生电子设计竞赛的参考书，可供从事电气相关工作的工程技术人员参考。

本书主要介绍了电工电子技术课程设计基础、常用电工电子元器件、常用电工电子仪表仪器、电工技术课程设计、基本模拟电路的设计、模拟电路课程设计实例、常用数字电路的设计、数字电路课程设计实例、Multisim 14.0 仿真软件及其应用，附录中给出了常用集成芯片的功能与引脚排列。本书的主要特点如下：

(1)系统性：本书从基础知识出发，逐步深入、系统地介绍了电工电子技术设计基础和电路设计，还介绍了电路的仿真、安装调试与检测，使学生能够按照逻辑顺序学习，逐步构建起完整的电工电子技术课程设计体系。按照循序渐进的原则从简单到复杂、从单元电路到综合应用，对电路的构成、元器件功能做简要介绍，对每一个元器件选择给出估算公式或经验数据，使之选择有依据。为了便于学生规范地进行课程设计，以典型设计为例，详细介绍了电工电子技术课程设计的方法和步骤，电路的模拟、组装与调试方法，确保学生能够掌握电工电子技术课程设计的基本方法。

(2)实用性：本书充分考虑了各种教学模式和不同层次学生的需求，提供了丰富的课程设计内容，从理论到实践，循序渐进，将“电工技术”“模拟电子技术”“数字电子技术”和“电工电子技术课程设计”等课程的理论与实践有机结合，旨在为学生提供一个系统的课程设计指导，充分调动学生学习积极性，提高学生自主学习能力和分析问题、解决问题的能力，帮助他们将理论知识应用于实际问题的解决中，培养学生工程思维能力。

(3)创新性：本书内容新颖丰富，可读性强，课程设计内容紧跟技术发展的步伐，确保学生能够学习到最新的技术和知识。设计题目的选择由简到繁、由易到难。编者搜集整理了近年来相关电工电子技术综合应用课程设计题目供教师和学生参考。通过典型设计题目的学习，可以让学生对电工电子技术电路设计与调试有更清楚的认识，鼓励学生在课程设计中发挥创新思维，探索新的解决方案，设计不同的电路，培养学生的创新能力。

(4)灵活性：课程设计题目方便灵活，书中有电工技术设计题目、模拟电路设计题目、数字电路设计题目，将它们结合起来，可以构成综合性的设计题目，选题方便灵活。考虑到课时的相对减少和学生理论水平参差不齐的实际情况，书中有多个难度不同的设计题目供指导教师和学生选择使用。

(5)团队性：电工电子技术课程设计强调团队合作，如果课时较少，学生可以分工合作在较短时间内完成课程设计。通过小组合作完成设计任务，培养学生的团队协作能力和交流沟通能力。学生选择了设计题目后，在教师的指导下，小组进行分工，查阅资料，拟定设计方案，选择和设计电路。

(6)思政性：通过实际工程案例分析设计，激发学生对专业知识学习的热爱和敬业精神，增强学生的责任意识和使命感，引导学生树立正确的价值观，为培养全面发展的技术人才提供保障。

本书由西安建筑科技大学徐英鸽担任主编，赵颖博编写了第5章和附录，刘雪超编写了第6章，张宇编写了第7章，其余章节由徐英鸽编写。徐英鸽作为主编，全程参与了以上各章节的修改，并负责书稿统筹等工作。

本书在编写过程中参考了有关教材和资料，得到了西安建筑科技大学机电工程学院的大力支持，得到了成彬、任继红、孙长飞、杨婷等老师的帮助与具体指导，在此深表谢意。

由于编者水平有限，书中难免有不足之处，恳请广大读者给予批评指正。

徐英鸽

2024年7月于西安

目　录

第1章　电工电子技术课程设计基础

电工电子技术课程设计是电工电子技术课程的实践教学环节，是对学生所学的基础课程知识的综合性训练，它涉及许多理论知识与实训技能。本章主要介绍电工电子技术课程设计的基础知识，旨在帮助学生解决课程设计入门之难。

1.1　电工电子技术课程设计概述

1.1.1　课程设计的目的与要求

1. 课程设计的目的

电工电子技术课程设计是学生学习了电工电子技术课程，完成了电工电子技术实验课之后进行的一项综合性实践活动，是电工电子技术课程教学中的一个非常重要的教学环节。它使学生通过自己设计和搭建一个实用电子产品雏形，加深学生对电工电子技术理论基础的认识，巩固学生在实验中掌握的基本技能，训练学生在电子产品制作时的动手能力。学生通过课程设计，设计出符合任务要求的电路，掌握常用电工电子电路的一般设计方法和步骤，训练并提高学生在文献检索、资料利用、方案比较和元器件选择等方面的综合能力，为毕业设计和毕业后从事科研、开发工作打下一定的电学基础。

2. 课程设计的要求

一般非电类专业电工电子技术课程设计的学时较短，可根据各院系专业教学实际情况，灵活选择课题，这里只提出一些基本要求。

(1)设计电路的选择能力。根据设计任务和指标，初选电路；通过查阅资料、分析和设计计算，最终确定电路设计方案。

(2)根据设计方案，完成原理电路图的绘制和仿真分析。根据设计方案，采用电路设计软件进行电路图设计，绘制电路原理图，并利用专业的软件(如 Multisim 14.0)进行仿真分析；根据仿真分析结果不断调整电路元件参数和电路结构，对于大信号电路可以采用多用途电路搭接实际电路进行试验，使其达到设计技术指标。

(3)电路制作、整机的装配和调试。根据设计电路，合理选择元器件并对其检测，按照装配焊接工艺要求搭建电路，并完成整机装配，最后对整机进行调试。

(4)整机参数测试。整机调试完成后，必须进行整机的参数测试，并将参数与设计指标相比较，若有差距，应分析原因。并对整机各部分电路重新检测和调试。

(5)完成总结报告。课程设计完成后，必须完成设计报告。其内容如下：①总体的设计思路，设计方案的选择依据；②单元电路设计过程，提交标准的设计原理电路图，列出使用元器件清单；③电路 EDA 仿真；④硬件电路安装和调试；⑤设计成果评价、总结，改进意见及课程设计的体会。

1.1.2 课程设计教学安排

电工电子技术课程设计作为一门重要的实践课程,学校已经将其纳入教学计划,时间为1～2周。按照教学要求,学生应在规定的时间内,在教师指导下,完成课程设计教学内容,最后由教师根据学生的完成情况给出成绩。

课程设计教学包含以下几个方面。

1. 选择设计题目,确定设计方案

课程设计题目可根据具体情况由指导教师指定,或者由学生在教师给的课题中选择。教师讲解设计任务,分配任务,对学生分组,使学生清楚课程设计的内容要求、明确应该完成的任务。每个课题小组必须有分工,具体的分工要在课程设计的报告中有所体现。

学生自学本书相关内容,查阅教师推荐的参考资料,针对课程设计题目中提出的问题进行独立设计,包括电路分析比较、设计计算、元器件选型,并初步提出设计构想。指导教师检查学生的设计方案,对设计思路和方案进行指导,对设计中的问题及时指导修正。

2. 绘制电路图,仿真分析

在选用的仿真软件上画出电路图并进行仿真试验,对具体的电路进行详细的分析与研究,如有问题或需要提高的地方,要进一步改进。

3. 电路安装、调试

经过仿真分析或电路试验后,可以进入电路的安装和整机的调试阶段。由学生按照设计方案,选择元器件,制作电路PCB板,在电路板上搭接电路,完成电路安装。接下来对电路试运行,测试电路性能指标,并通过反复地调试使其满足设计要求。

4. 课程设计考核与评分

课程设计的考核应该综合学生在课程设计各阶段的情况给出总成绩,成绩分为优、良、中、及格、不及格五等,并计入成绩册。

课程设计的考核及评分建议如下:

(1)课程设计的理论设计部分(30%)。方案选择的科学性、实用性,计算的准确性,调试方案的合理性等。

(2)课程设计的实践制作水平(30%)。电路安装、调试,完成这一过程的速度,实际动手能力的综合体现。

(3)课程设计的说明书(报告)(20%)。按照课程设计报告格式,完成5000字以上的说明书,清晰合理地总结成绩与教训。

(4)课程设计答辩(20%)。在整个设计过程都完成之后,教师应立即组织学生进行答辩,对学生的设计工作进行综合的考核和评价。

1.2 电工电子技术课程设计的一般方法

电工电子技术课程设计的一般方法和步骤:首先明确设计任务,分析设计任务和性能指标,根据任务进行方案选择,然后对方案中的各部分进行单元电路的设计、参数计算和器件选择,最后将各部分连接在一起,画出一个符合设计要求的完整系统电路图。用仿真软件进行仿真和性能测试,接着再组装调试电路,写出整体设计报告。实际设计过程中往往需要反复进行以上各步骤,才能达到设计要求,需要学生灵活掌握。

1.2.1　总体方案设计与选择

总体方案的设计是根据设计任务、指标要求和给定的条件,分析所要设计的电路应该实现的功能,并将这些功能分解成若干单项的功能,分清主次和相互的关系,形成若干单元功能块组成系统的总体方案。一个设计任务的方案可以有多个,我们需要从方案能否满足要求、构成是否简单、实现是否经济可行等方面对这些方案进行比较和论证,择优选取。

电工电子技术课程设计要充分调动学生的主动性,以学生为主体,在其能力所及的范围内,反复思考,查阅大量文献和资料,结合实际情况,创造性地进行电路的设计,将各种方案进行比较及可行性论证,然后确定方案,这样设计出的电路才具有多样性。设计者也可发挥自己的才智,寻找更具特色的方案。学生自己设计电路,自己安装调试,由于经验的不足,电路可能存在某些问题,就需要一边安装调试一边修改完善电路,思维一直处于活跃阶段,使学生的电路设计能力得到充分的锻炼。教师应引导学生多思考、解答设计难点,为学生留下足够的独立设计空间。下面介绍具体的步骤。

1. 确定总体方案框图

课程设计的第一步就是选择一个合理的总体设计方案。一个较为复杂的设计课题,通常需要对设计要求进行认真分析和研究,通过收集和查阅资料,在已学过的电工电子技术理论基础上进行构思,从而提出实现设计要求的可能方案,并画出相应的框图,包括信号的流向、各框图间的接口。总体方案是反映设计电路要求的、合理的粗略框图,不涉及具体的细节问题,总体方案框图中的每一个方框应该具有一个独立的功能,并用文字写在方框内。每一个方框图可由一个单元电路组成,也可由多个单元电路组成。

2. 设计并实施各个单元电路

根据方案对各单元电路的要求,选择合适的电工电子元器件,每个单元的功能再由若干个标准器件来实现。在满足设计要求的前提下,设计电路以减少器件数目、连接线,提高电路的可靠性,降低成本为原则。

在设计中尽可能多采用各种标准的中、大规模集成电路,这要求设计者应熟悉各种标准集成电路器件的种类、功能和特点。有时也需要选用一些小规模集成电路,甚至是分立元件,需要用基础理论知识对该单元电路进行功能分析,选择元器件及其参数,进而设计出具体的电路。

3. 方案的分析与比较

实现同一个设计要求的方案往往不止一个,因此要对这些方案进行分析和比较。比较方案的标准有三:一是技术指标的比较,即哪一种方案完成的技术指标最完善;二是电路简易性的比较,即哪一种方案在完成技术指标的条件下最简单、容易实现;三是经济指标的比较,即在完成上述指标的情况下,选择价格低廉的方案。经过比较后确定一个最佳方案。

1.2.2 单元电路的设计与选择

根据系统的指标和功能框图,明确各部分任务,进行各单元电路的设计、参数计算和器件选择。

1. 单元电路的设计

单元电路是整机的一部分,只有把各单元电路设计好才能提高整体设计水平。每个单元电路设计前都需明确本单元电路的设计任务,详细拟订出单元电路的性能指标,及其与前后级电路之间的关系,并分析电路的组成形式。具体设计时,可以模仿成熟的先进电路,也可以进行创新或改进,但都必须满足性能要求。而且,不仅单元电路本身要设计合理,各单元电路间也要相互配合,注意各部分的输入信号、输出信号和控制信号的关系。

2. 参数计算

为保证单元电路达到功能指标要求,需要用电工电子技术知识对参数进行计算。例如,整流电路中电阻、电流的计算;放大电路中各阻值、放大倍数的计算;振荡器中电阻、电容、振荡频率的计算;单稳态触发器中的电阻、电容和输出脉冲宽度等的计算。只有很好地理解电路的工作原理,正确利用计算公式,计算的参数才能满足设计要求。

计算电路参数时应注意下列问题:

(1)元器件的工作电流、电压、频率和功耗等参数应能满足电路指标的要求。

(2)元器件的极限参数必须留有一定的余量,一般应大于额定值的 1.5~2 倍。

(3)电阻、电容参数的取值,应选择计算值附近的标称值。电阻值一般在 1 MΩ 内选择;非电解电容器一般在 1.0×10^{-4}~10 μF 选择,电解电容一般在 1~2000 μF 范围内选用。

(4)如果没有特殊要求,集成电路尽量选用通用集成电路。

3. 器件选择

1)阻容元件的选择

电阻和电容种类很多,正确选择电阻和电容是很重要的。不同的电路对电阻和电容性能要求也不同,有些电路对电容的漏电要求很严,有些电路对电阻、电容的性能和容量要求很高。例如,滤波电路中常用大容量铝电解电容,为滤掉高频通常还需并联小容量瓷片电容。设计时要根据电路的要求选择性能和参数合适的阻容元件,并要注意功能、容量、频率和耐压范围是否满足要求。

2)分立元件的选择

分立元件包括二极管、晶体三极管、场效应管、光电二(三)极管、晶闸管等。根据其用途分别进行选择。选择的器件种类不同,注意事项也不同。例如选择晶体管时,首先注意是选择 NPN 型管还是 PNP 型管,是高频管还是低频管,是大功率还是小功率,并注意管子的参数是否满足电路设计指标的要求。

3)集成电路的选择

由于集成电路可以实现很多单元电路甚至整机电路的功能,所以选用集成电路来设计单元电路和总体电路既方便又灵活,它不仅使系统体积缩小,而且性能可靠,便于调试和运用,在设计电路时颇受欢迎。集成电路有模拟集成电路和数字集成电路。国内外已生产出大量集成电路,其器件的型号、原理、功能、特征可查阅有关器件手册。选择的集成电路不仅要在功能和特性上实现设计方案，而且要满足功耗、电压、速度、价格等多方面的要求。

1.2.3　电路图的绘制和仿真分析

1. 电路图的绘制

在完成了单元电路设计及确定了它们之间相互连接关系后，可进行整体电路图的绘制。电路图通常是在系统框图、单元电路设计、参数计算和器件选择的基础上绘制的，它是课程设计的重要文件，是原理性的电路图，是组装、调试和维修的依据。

画整体电路图应采用规范的图形符号，图纸布置应清晰整齐，能反映整体电路的组成、工作原理、各部分电路之间的关系及信号的流向。在绘制整体电路图时，应注意以下几点。

1）布局要合理

电路图要排列均匀、图面清晰，有利于对图的理解和阅读。有时一个总电路由几部分组成，绘图时尽量把总电路图画在一张图纸上。如果电路比较复杂，需绘制几张图，则应把主电路画在同一张图纸上，把一些比较独立的或次要的部分画在另外的图纸上，并在图的断口两端做上标记。标出信号从一张图到另一张图的引出点和引入点，以此说明各图纸在电路连线之间的关系。

有时为了强调并便于看清各单元电路的功能关系，每一个功能单元电路的元件应集中布置在一起，并尽可能按工作顺序排列。

2）注意信号的流向

按照信号的流向，一般从输入端或信号源画起，由左至右或由上至下按信号的流向依次画出各单元电路；反馈电路的信号流向则与此相反。

3）采用标准的图形符号

画电路图应采用国家标准规定的图形符号，电路图中的中、大规模集成电路器件，一般用方框表示，在方框中标出它的型号，在方框的边线两侧标出每根线的功能名称和引脚号。

4）连线清晰、工整

各单元电路之间的连线应为直线，连线通常画成水平线和竖线，不画斜线，互相连通的交叉处用圆点表示。根据需要，可以在连接线上加注信号名或其他标记，表示其功能或去向。有的连线可用符号表示，如器件的电源一般标电源电压的数值，地线用符号表示。

5）电子元器件的数值标记

电子元器件的数值标记应在相应元器件的附近，电阻和电容的符号和数值应标记在相应元件的附近，同时还应注明电阻和电容的单位。二极管和晶体管的符号和型号应标记在其旁边。集成芯片的符号和型号可标在相应图形符号中或附近。

2. 电路的仿真分析

随着计算机技术的发展，电工电子技术分析和设计的方法发生了重大的改变，计算机仿真技术得到了广泛的应用。目前以计算机仿真为基础的电子设计自动化（electronic design automation，EDA）成为现代电子系统设计的重要手段。在课程设计过程中，应尽可能安排仿真设计，让学生通过计算机仿真初步掌握工具软件的使用方法和技能，同时通过仿真来验证方案的正确性。如果发现局部不合理的地方可以随时随地地在软件环境下进行修改完善。这里推荐使用目前通用的 Multisim 软件作为仿真工具。该软件将在第 7 章中做详细介绍。

1.2.4 电路的安装和调试

在完成仿真工作之后,需要进行电路的安装和调试,以发现与设计要求不相符合的情况,便于修改设计方案。电工电子技术课程设计中组装电路通常采用焊接和实验箱上插接两种方式。焊接组装可提高学生的焊接技术,但器件可重复利用率低,只应用在高电压、电流较大的电子电路安装中。对于小信号电路,一般在实验箱上组装,元器件便于插接且电路便于调试,并可提高元器件的重复利用率。学生向实验室领取所需的元器件等材料,并在实验箱上(或实验板、实验台上)组装电路,此后运用测试仪表进行调试,排除故障,调整元器件,进一步修改,使之达到设计指标要求。

1. 电路的安装

在完成电路设计后,需要对电路进行安装与调试。对于简单的小系统,直接在万用板上焊接电路;对于复杂的系统,首先绘制 PCB 图,制作 PCB 板,然后进行电路安装调试。

整体电路的布局没有固定的模式,电路的安装布线一般可遵循下面的原则。

1)根据元器件的形状和电路板的面积合理布置元器件的密度

(1)用不同颜色的塑料导线表示电路中不同作用的连线。通常正电源线用红色,负电源线用蓝色,地线用黑色,信号线用黄色等,当然也可以用其他颜色的塑料导线。电路中的连线用不同颜色的塑料导线区分后,对电路的测试调整和查线都会很方便。

(2)相邻元器件就近安置,做到布置合理、密度适中。

(3)输入回路应远离输出回路。当电路的级数较多时,不要将最后一级电路和第一级电路紧靠在一起;不要将不是同一级的元器件混在一起;输入回路和输出回路应离得远一些;信号线之间或信号线与电源线之间不要靠近平行走线;信号线不要迂回;强电线和弱电线应分开走。这样才能避免产生寄生耦合。

(4)有电磁耦合的元器件,应进行自身屏蔽。对于有电磁耦合的元器件,应尽可能相互离得远一些,或进行屏蔽。输入变压器和输出变压器应互相垂直放置。

(5)发热的元器件应该靠边安装在散热条件好的地方。

(6)工作频率较高的电路,连线要短,且元器件应就近放置。

(7)各种可调的元器件应安装在便于调整的地方,所有元器件的标识一律向外。

2)地线的布置

公共地线是所有信号共同使用的通路,合理布置地线对改善电路性能和提高电路工作的稳定性有重要作用。为避免各级电流通过地线时产生相互间的干扰,特别是末级电流通过地线对第一级的反馈干扰,以及数字电路部分电流通过地线对模拟电路产生干扰,通常采用地线割裂法使各级的地线是割裂的,不直接相连,然后再分别接到公共的一点。

2. 电路的调试

电路设计安装完成以后,由于元器件性能的分散性,以及许多人为因素的影响,一个组装好的电路,必须经过安装后的测试和调整来发现和纠正设计方案的不足以及安装的不合理,然后采取措施加以改进,使装置能达到预定的技术指标。电路调试是课程设计的关键环节,是理论与实践相结合的关键阶段,掌握调试电路的技能是非常重要的。

1)调试前的直观检查

电路安装完毕,通常不宜急于通电,先要认真检查一下。

(1)元器件的检查。在完成电路安装接线后，应对设计电路所用的元器件进行检查：元器件的位置、型号及集成电路的插向是否正确；晶体管、电解电容等元件的极性连接是否正确；所有电阻的阻值是否符合要求。只有当元器件的位置、参数正确无误后，方可进行下一步的工作。

(2)连线的检查。完成元器件的检查后，便可检查电源线、地线、信号线以及元器件引脚之间有无短路，连接处是否接触不良；检查电源线和地线之间是否有短路；检查电源是否短路。

此外，还需认真检查电路的接线是否正确，从而避免接错线、少接线和多接线。为了避免做出错误的诊断，可以采用两种方法查线：逐一对照设计电路图检查安装的线路；逐一对照电路原理图检查实际安装的线路，从而把每个元件引脚连线的去向查清楚。

2)调试方法

(1)分块调试法。设计电路按功能可分成若干个模块，分块调试就是按照信号的传递方向对每个模块分别进行调试。实施分块调试方法有两种：一种是边安装边调试，即按照信号传递方向组装一模块就调试一模块；另一种是总体电路一次组装完毕后，再分块调试。分块调试法的优点是出现问题的范围小，可及时发现并解决问题。

(2)整体调试法。整体调试法是把整个电路组装完毕后，实行一次性总调。此方法只适合定型产品或某种需要相互配合、不能分块调试的产品。

分块调试法和整体调试法的调试内容都包括静态调试和动态调试。测试电路中的各点电位、基本放大电路的静态工作点、数字电路中的高低电平和逻辑关系等都属于静态调试。而调试信号幅值、波形、相位关系、频率、放大倍数及时序逻辑关系等都属于动态调试。另外，若一个电路包括模拟电路、数字电路和微机系统三部分，应分别进行调试后再进行整机联调。

3)调试步骤

无论是分块调试还是整体调试，其调试步骤大致如下：

(1)调试准备，检查电路。在通电调试之前，必须认真对照电路图，按一定的顺序逐级检查电路连线是否正确。

(2)通电观察。正确连接调试电路所需电源，首先观察电路是否有异常现象，如冒烟、异常气味、放电的声光、元器件发烫等。如果有上述现象，应立即关闭电源，待排除故障后再重新接通电源。然后测量每个集成块的电源引脚电压是否正常，以确定电路是否通电工作。

(3)静态调试。对于模拟电路，测试电路的静态工作点；对于数字电路，则加入固定电平，测试电路各点电位和逻辑功能，以判断电路的工作是否正常。

(4)动态调试。加上输入信号，用示波器观察电路的输入波形、输出波形和逻辑状态。对于模拟电路，观测输出波形是否符合要求；对于数字电路，则观测输出信号波形、幅值、脉冲宽度、相位及动态逻辑关系是否符合要求。

(5)指标调试。认真测量并记录测试数据，并对测试数据进行分析，确定电路的技术指标是否符合设计要求。如果不符，对某些元件参数加以调整和改变，甚至对某部分电路或整个电路进行修改。

3. 故障分析与处理

在实践过程中，故障往往无法避免，通过分析故障现象、解决故障问题对学生动手能力的提高有很重要的作用。分析和排除故障就是从故障现象出发，通过反复测试，做出分析判断，逐步分析和解决问题的过程。

1)常见故障原因

造成故障的原因是多种多样的,有人为因素引起的,也有设计、工艺和环境因素引起的。

2)查找故障的方法

首先给电路输入端施加一个合适的信号,按照信号的传递方向,逐级观测各级模块的输出是否正常,从而找出故障所在模块,然后查找故障模块内部的故障点。其步骤如下:

(1)检查元器件引脚的电源电压。

(2)检查电路关键点上电压的波形和数值是否符合要求。

(3)断开故障模块的负载,判断故障是来自故障模块本身还是其他的负载。

(4)对照电路图,仔细检查故障模块内电路是否正确。

(5)检查可疑的故障元器件是否已损坏。

(6)检查用于观测的仪器使用是否正确。

(7)重新分析电路原理图是否正确。

1.2.5 报告撰写与答辩

课程设计报告是学生对课程设计全过程的系统总结,是对学生综合能力和撰写技术总结报告能力的重要训练,同时也可提高学生的文字组织和语言表达能力,将实践训练的内容上升到理论的高度,有利于提升学生运用所学知识解决实际问题的能力和创新意识。

课程设计报告的撰写方法见本章第 1.3 节。

在整个设计过程(包括论文的撰写)都完成之后,应马上组织学生进行答辩,答辩是对学生设计工作的一个综合的考核和评价,应把它作为课程设计的一个过程来对待。学生在此之前没有经历过这种场合的训练,所以对每个学生来讲,这无疑是一个难得的机会。

1.3 课程设计报告撰写指南

课程设计报告是对学生综合能力和撰写技术总结报告能力的重要训练,同时也可提高学生的文字组织和语言表达能力,并将实践训练的内容上升到理论的高度,有利于提高学生学活、用活理论知识,培养学生运用所学知识解决实际问题的能力和创新意识。

1.3.1 课程设计报告的撰写

课程设计报告是学生对课程设计全过程的系统总结。学生在完成了课程设计的理论设计、模拟仿真和安装调试等环节后,应按照规定的格式撰写课程设计报告。

电子技术课程设计报告的主要撰写内容如下:

(1)课程设计题目。

(2)设计任务与要求。

(3)设计思路与整体方框图。

(4)各单元电路设计、电路参数计算及简要说明。

(5)整体电路图(或整体逻辑电路图)及简要说明。

(6)整体电路(或整体逻辑电路)的安装接线图。

(7)安装调试。主要包括选用仪器和仪表、测试调整步骤、实测数据和波形、故障分析和排除，并对测试结果进行分析与比较。

(8)心得体会。

(9)电子元器件清单。

(10)参考文献。

1.3.2　课程设计报告模板

每位学生在课程设计中，根据设计任务，从选择设计方案开始，进行电路设计；选择合适的器件，画出设计电路图；通过安装、调试，直至实现任务要求的全部功能。对电路要求布局合理，走线清晰，工作可靠，经验收合格后，写出完整的课程设计报告，字数不得少于 5000 字，课程设计报告模版见附录 C。

第 2 章　电工电子元器件的识别和使用

2.1　电阻、电容器和电感

2.1.1　电阻

电阻在电路中用 R 加数字表示，如 R_5 表示编号为 5 的电阻。电阻在电路中主要起分流、限流、分压、偏置、滤波(与电容器组合使用)和阻抗匹配等作用。电阻按阻值特性可分为固定电阻、可调电阻、特种电阻(敏感电阻)等，常见电阻如图 2.1 所示。

(a) 常见电阻　　(b) 电阻符号

图 2.1　常见电阻外形与符号

电阻的单位为欧姆(Ω)，此外还有千欧(kΩ)、兆欧(MΩ)等。换算方法为

$$1\ \text{M}\Omega = 1000\ \text{k}\Omega = 1000000\ \Omega$$

电阻的参数标注方法有 3 种，即直标法、数标法和色标法。

(1)直标法是将电阻器的标称值用数字和文字符号直接标在电阻体上，其允许偏差则用百分数表示，未标偏差值的即为±20%。

(2)数标法主要用于贴片等小体积的电阻，在三位数码中，从左至右第一、二位数表示有效数字，第三位数表示 10 的倍幂，如“103”表示 10 kΩ。

(3)色标法使用最多，色标法有 4 环和 5 环两种，4 环电阻误差比 5 环电阻误差大，一般用于普通电子产品，5 环电阻通常用于精密设备或仪器。紧靠电阻体一端头的色环为第一环，露着电阻体本色较多的另一端头为末环。如果色环电阻器用 4 环表示，前面两位数字是有效数字，第三位是 10 的倍幂，第四环是色环电阻器的误差范围，如图 2.2(a)所示。如果色环电阻器用 5 环表示，前面三位数字是有效数字，第四位是 10 的倍幂(即有效数字后“0”的个数)，第五环是色环电阻器的误差范围，如图 2.2(b)所示。

每条色环表示的意义见表 2-1。由此可知，图 2.2(a)中的色环为黄、紫、红、银，阻值为 $47\times10^2\ \Omega=4.7\ \text{k}\Omega$，其误差为±10%。图 2.2(b)中的色环为棕、黑、黑、红、棕，阻值为 $100\times10^2\ \Omega=10\ \text{k}\Omega$，其误差为±1%。

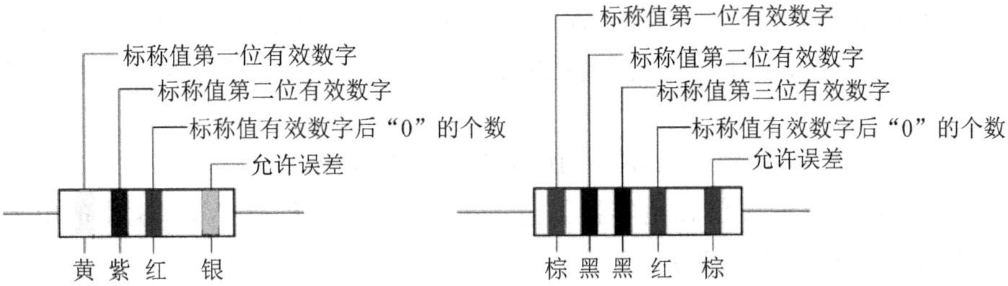

(a) 4环　　(b) 5环

图 2.2　电阻的色标法

表 2-1　电阻的色环

颜色	第一位有效数字	第二位有效数字	第三位有效数字（4 环电阻无此环）	倍率	误差
黑	0	0	0	10^0	
棕	1	1	1	10^1	±1%
红	2	2	2	10^2	±2%
橙	3	3	3	10^3	
黄	4	4	4	10^4	
绿	5	5	5	10^5	±0.5%
蓝	6	6	6		±0.25%
紫	7	7	7		±0.1%
灰	8	8	8		
白	9	9	9		
金				10^{-1}	±5%
银				10^{-2}	±10%

2.1.2　电容器

电容器是存储电能的元件，具有充放电特性和通交流隔直流的能力。主要用于电源滤波、信号滤波、信号耦合、谐振、隔直流等电路中。电容器在电路中用 C 加数字表示，如 C_{13} 表示编号为 13 的电容器。常见的电容器及符号如图 2.3 所示。

(a) 常见电容器　　(b) 电容器符号

图 2.3　常用电容器外形与符号

电容器容量的大小即表示能储存电能的大小，电容器对交流信号的阻碍作用称为容抗，它与交流信号的频率和电容量有关。容抗 $X_c=1/2\pi fC$(f 表示交流信号的频率,C 表示电容器容量)。电容的基本单位为法拉(F),其他单位还有毫法(mF)、微法(μF)、纳法(nF)、皮法(pF),其中:

$$1\ \text{F} = 10^3\ \text{mF} = 10^6\ \mu\text{F} = 10^9\ \text{nF} = 10^{12}\ \text{pF}$$

容量大的电容器,其容量值在电容器上直接标明,如 10 μF/16 V;容量小的电容器,其容量值在电容器上用字母或数字表示。

电容器的识别方法与电阻的识别方法基本相同,分直标法、数标法和色标法 3 种。

(1)直标法就是在电容器的表面直接标出其主要参数和技术指标的一种方法。直标法可以用阿拉伯数字和文字符号标出。电容器的直标内容及次序一般是:①商标;②型号;③工作温度组别;④工作电压;⑤标称电容量及允许偏差;⑥电容温度系数等。上述直标内容不一定全部标出。

例:cb41 250 V 2000 pF ±5%

示例标志的内容表明:cb41 型精密聚苯乙烯薄膜电容器,其工作电压为 250 V,标称电容量为 2000 pF,允许偏差为±5%。

(2)不标单位的数码表示法。用 1~4 位数表示有效数字,单位一般为 pF,而电解电容器其容量单位则为 μF,如 3 表示 3 pF,2200 表示 2200 pF,0.056 表示 0.056 μF。

(3)数字表示法。一般用 3 位数字表示容量的大小,前两位表示有效数字,第三位表示 10 的倍幂,如 102 表示 10×10^2 pF=1000 pF;224 表示 22×10^4 pF=0.2 μF。

(4)还可以使用色环或色点表示电容器的主要参数,电容器的色标法与电阻相同。

在电路图中电容器容量单位的标注有一定的规则。当电容器的容量大于 100 pF 而又小于 1 μF 时,一般不标注单位,没小数点的其单位为 pF,有小数点的其单位为 μF,如 4700 表示 4700 pF,0.22 表示 0.22μF。当电容量大于 10000 pF 时,可用 μF 为单位,当电容量小于 10000 pF 时用 pF 为单位。

2.1.3 电感

电感的结构类似于变压器,但只有一个绕组,是用绝缘导线(如漆包线、纱包线等)绕制而成的电磁感应元件,能够把电能转化为磁能而存储起来。直流可通过线圈,直流电阻就是导线本身的电阻,压降很小;当交流信号通过线圈时,线圈两端将会产生自感电动势,自感电动势的方向与外加电压的方向相反,阻碍交流的通过,所以电感的特性是通直流阻交流,频率越高,线圈阻抗越大。电感在电路中有阻流、变压、传送信号等作用,可与电容组成振荡电路。

电感通常分为两大类,一类是应用于自感作用的电感线圈,另一类是应用互感作用的变压器。常见的电感及符号如图 2.4 所示。

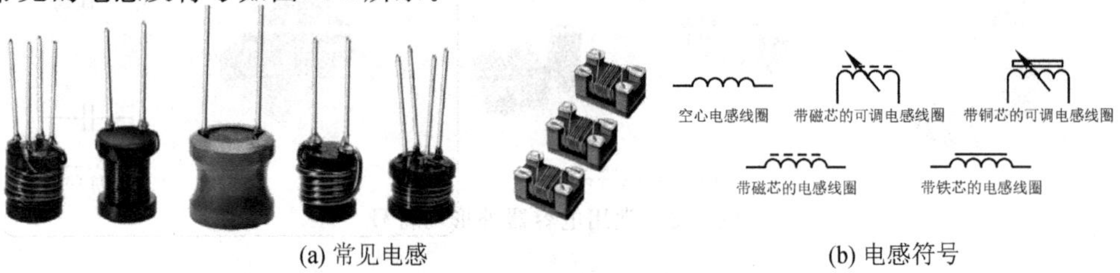

图 2.4　常见电感外形与符号

电感线圈的主要参数包括电感量、品质因数、固有电容和额定电流。

1)电感量

电感量是电感线圈的一个重要参数，电感的基本单位是亨利(简称亨)，用字母 H 表示。常用的单位还有毫亨(mH)和微亨(μH)，它们之间的关系是：

$$1\ \text{H}=10^3\ \text{mH}=10^6\ \mu\text{H}$$

电感量的大小主要取决于线圈的直径、匝数及有无铁磁心等。电感线圈的用途不同，所需的电感量也不同。如在高频电路中，线圈的电感量一般为 0.1 μH～100 H。

2)品质因数 Q

线圈的品质因数 Q 用来表示线圈损耗的大小，高频线圈 Q 通常为 50～300。对调谐回路，线圈的 Q 值要求高，用高 Q 值线圈与电容组成的谐振电路有更好的谐振特性；用低 Q 值线圈与电容器组成的谐振电路，其谐振特性不明显。对耦合线圈，要求可以低一些，对高频扼流线圈和低频扼流线圈，则无要求。Q 值的大小直接影响回路的选择性、效率、滤波特性以及频率的稳定性。一般均希望 Q 值大，但提高线圈的 Q 值并不是一件容易的事。

3)固有电容

线圈绕组的匝与匝之间存在着分布电容，多层绕组层与层之间也都存在着分布电容。这些分布电容可以等效成一个与线圈并联的电容 C_0，实际为由 L、R 和 C_0 组成的并联谐振电路，因此存在一个线圈的固有频率。为了保证线圈有效电感量的稳定，使用电感线圈时，都使其工作频率远低于线圈的固有频率。为了减小线圈的固有电容，可以减少线圈骨架的直径，用细导线绕制线圈或采用间绕法。

4)额定电流

额定电流主要对高频扼流圈和大功率的谐振而言。对于在电源滤波电路中常用的低频阻流圈，它是指电感正常工作时，允许通过的最大电流。若工作电流大于额定电流，电感会因发热而改变参数，严重时烧毁。

5)变压器的主要参数

变压器的主要参数包括变压比、效率、额定功率、额定频率、额定电压等。

一次电压与二次电压之比为变压比，简称变比。变比大于 1，变压器称为降压变压器；变比小于 1，变压器称为升压变压器。

在额定负载下，变压器的输出功率与输入功率之比值称作变压器的效率。变压器的效率与功率有关，一般功率越大，效率越高。

2.2　常用低压电器

在现代工农业生产中，或是家用电器中，常采用电动机拖动生产机械或其他工作机构，按照生产工艺要求进行工作的拖动方式称为电机拖动或电力拖动。电机拖动系统常采用计算机、可编程逻辑控制器(programmable logic controller，PLC)、继电接触器等电器控制电动机的运动。应用继电接触器对电动机和生产设备实现控制和保护称为继电接触器控制。继电接触器控制在可靠性、灵活性方面比计算机和可编程控制器差，但其控制原理简明、逻辑清晰、价格低廉，且具有一定的可靠性，因此，被广泛应用到各种电动机控制系统中。

控制电动机运动的电器种类繁多，按照电压，可分为低压控制电器和高压控制电器；按照操作方式,可分为手动控制电器和自动控制电器。低压控制电器一般是指在交流 1200 V、直流 1500 V 电压以下工作的电器,它主要用来切换、控制、调节和保护电动机等电器。手动控制电器是指由操作人员手动操纵的电器。自动控制电器是指按指令、信号或借助电磁力及其他物理量(如电压、电流以及生产机械运动部件的速度、行程、时间等)的变化自动进行操作的电器。本节主要介绍几种常用的低压控制电器。

2.2.1 刀开关和熔断器

1. 刀开关

刀开关也叫刀闸开关,是一种较简单常见的手动控制开关电器,用于直接起动小容量(7.5 kW 以下)的电动机和作为生产机械的电源引入或隔离之用。刀开关分为单刀、双刀、三刀,具有三极刀开关的结构如图 2.5(b)所示,主要由刀片(动触点)、刀夹(静触点)、瓷质底座和胶木盖组成。刀片与刀夹组成常开触点。胶木盖可防止切断电路时产生的电弧。刀开关的图形符号如图 2.5(c)所示。

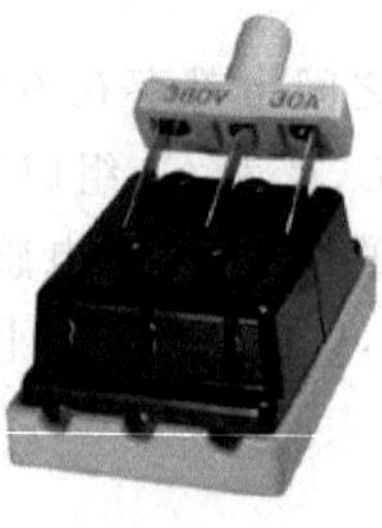

(a) 外形图

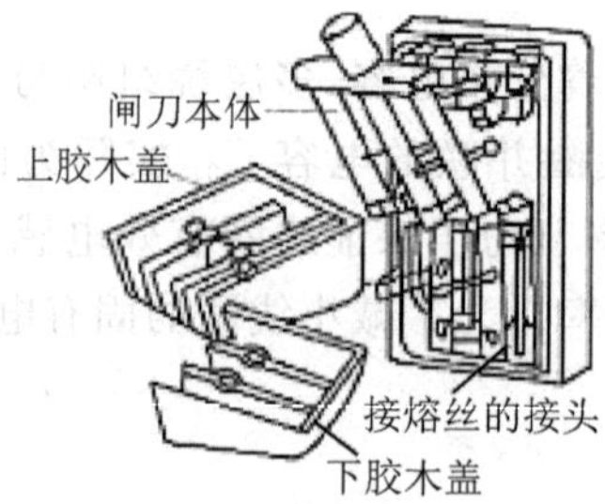

(b) 内部结构

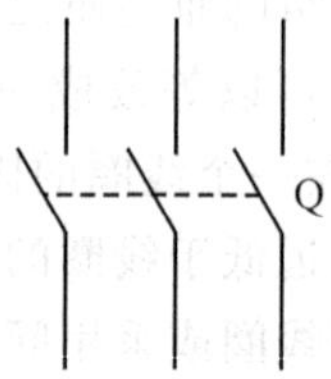

(c) 图形符号

图 2.5　刀开关结构与符号

安装刀开关时要注意:电源线应接在开关的静触点上,负载应接在动触点的出线端上。

垂直安装刀开关时,应使向上推为接通电源,向下拉为断开电源,不得倒装或平装。在拉开开关时,电源被切断,开关产生明显断点。这样,既便于更换熔丝,也有利于设备的安全检修。在继电接触器控制系统中,刀开关一般作为隔离电源用。

刀开关的额定电压通常是 250 V 和 500 V 两种,额定电流为 10~500 A。选择刀开关控制电动机时,要考虑到电动机的起动电流,一般刀开关的额定电流应选择为电动机额定电流的 3~5 倍。

2. 熔断器

熔断器是一种较简便、有效的短路保护自动控制电器,如图 2.6 所示。熔断器串联在被保护电路中,其作用是:当电路发生过载或短路时,流过熔体的电流大于等于某一额定电流,短时间内,熔体因过热迅速熔断,切断故障电路,保护电路和电气设备。

常用的熔断器有插入式熔断器、自复熔断器、快速熔断器、封闭熔断器、螺旋式熔断器、管式熔断器,使用时可根据负载特性、短路电流、使用场合选择熔断器类型。灭电弧能力强的场合,可选用装有石英砂的封闭式熔断器;有振动的场合(如电动机主电路),可选用螺旋式熔断器;保护晶闸管等半导体器件,可选用快速熔断器。

用熔断器保护电动机正常起动时,熔断器的额定电压应等于或大于所在电路的额定电压,

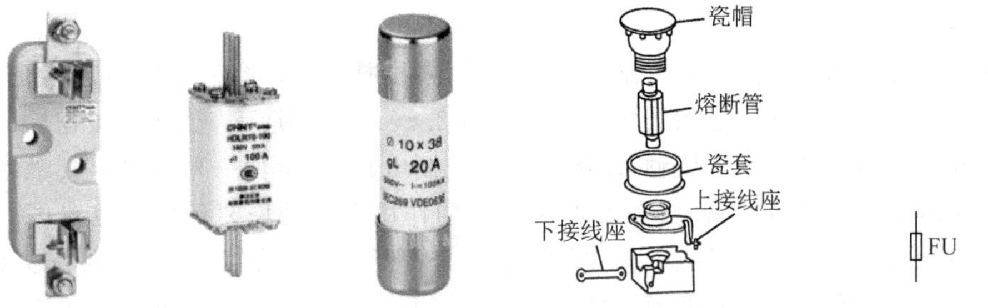

(a) 外形图　　(b) 内部结构　　(c) 图形符号

图 2.6　熔断器结构与符号

熔体额定电流一般可按相关要求计算得出。

2.2.2　低压断路器

断路器，俗称自动开关，也是常用的电源开关。与刀开关相比，它不仅有引入电源和隔离电源的作用，还具有过载、断路、欠电压和失电压保护的作用。断路器的结构原理如图 2.7 所示。它的主触点由操作者通过手动机构闭合，并被连杆装置上的锁钩锁住使负载与电源接通。若电路严重过载或发生断路故障，过电流脱扣器（电磁铁 2）的电流线圈（图中仅画出一相）就产生足够强的电磁吸力把衔铁 1 往下吸，顶开锁钩，在释放弹簧的作用下，主触点迅速断开，切断电源，实现了过载或短路保护。若电源电压严重下降（欠电压）或发生断电（失电压）故障，欠电压脱扣器（电磁铁 4）的电压线圈因电磁力不足或消失，吸不住衔铁 3，衔铁被松开，向上顶开锁钩，释放弹簧将主触点迅速拉断，切断电源，实现了欠电压或失电压保护。

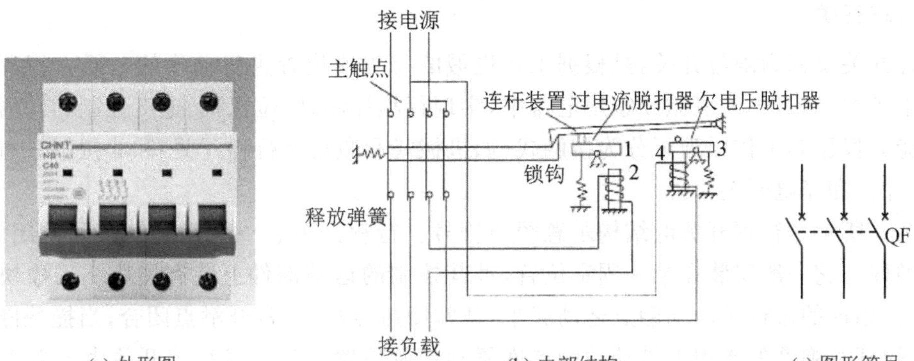

(a) 外形图　　(b) 内部结构　　(c) 图形符号

图 2.7　空气断路器结构与符号

目前，应用比较广泛的一种低压断路器是漏电断路器，漏电断路器一般设有试验按钮和复位按钮。当电路中漏电电流超过预定值时，漏电断路器能自动动作切断电源，同时复位按钮弹起。电路漏电问题解决后，漏电断路器合闸前要按下复位按钮。试验按钮用来测试漏电断路器功能是否正常。常用的漏电断路器分为电压型和电流型两类，电流型又分为电磁型和电子型两种。

2.2.3　按钮和行程开关

按钮和行程开关属于主令电器，用来在电动机控制系统中发送指令。

1. 按钮

按钮是一种结构简单的手动控制电器，通常用来接通或断开控制电路，从而控制电动机或其他电气设备的运行。其外形和结构示意图如图 2.8(a)、(b)所示。当按下按钮帽时，下面一对原来断开的静触点被动触点接触，以接通某一控制电路；而上面一对静触点则被断开，以切断另一控制电路。松开按钮帽时，动触点在弹簧的作用下自动恢复到原来位置(称为复位)。原来就接通的触点，称为常闭触点或动断触点；原来就断开的触点，称为常开触点或动合触点。按钮的常开触点和常闭触点的图形符号如图 2.8(c)所示。由于按钮的触点容量较小，其工作电流通常不宜超过 5 A。

为了满足不同的操作与控制要求，按钮可以有多对触点，也可以把多个按钮装在一起，构成双联、三联等多联按钮。

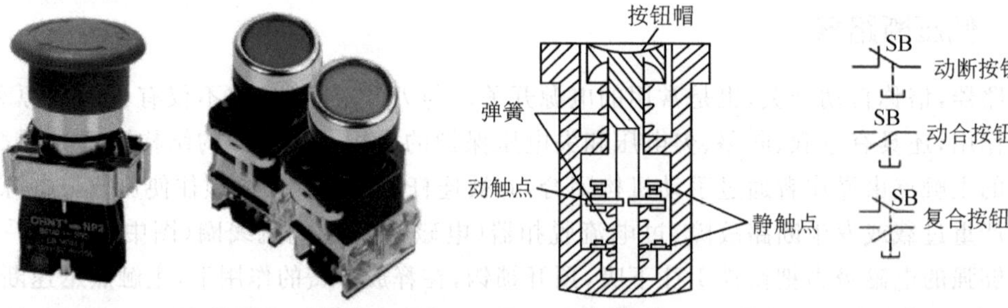

(a) 外形图　　(b) 内部结构　　(c) 图形符号

图 2.8　按钮结构与符号

2. 行程开关

行程开关又称为限位开关，是根据工作机械的行程或位置进行动作的电器。行程开关广泛应用于各类机床、生产机械或家用电器中，实现行程控制、限位保护、速度控制、自动循环、制动等功能。根据其工作原理可分为接触式(如机械式和微动式行程开关)和非接触式行程开关(如接近开关和光电开关)。

图 2.9 所示是行程开关的结构示意图与符号。行程开关有一对常开触点和常闭触点，一个凸出触杆。它一般安装在某一固定位置，被其控制的运动部件上装有撞块。当撞块撞到压头，和压头相连的触杆带动动触点运动起来，使常闭触点断开、常开触点闭合；当撞块随运动部件离开，触杆在弹簧的作用下带动动触点恢复到初始位置。微动式行程开关由于开关电流会损耗触点，使触点间隔变大，灵敏度下降，所以要保持较小的开关电流，减小触点损耗。

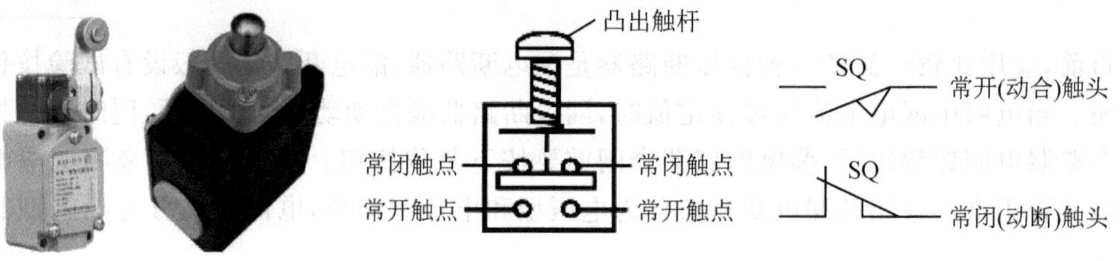

(a) 外形图　　(b) 内部结构　　(c) 图形符号

图 2.9　行程开关结构与符号

2.2.4　交流接触器

交流接触器是利用电磁力来接通和断开主电路的执行电器，常用于电动机、电炉等负载的自动控制。接触器的工作频率可达每小时几百甚至上千次，并可方便地实现远距离控制。

交流接触器图形及符号如图 2.10 所示。其主要由电磁机构和触点系统组成。电磁系统包括山字形的静铁心、动铁心和吸引线圈。铁心由硅钢片叠成，为了消除铁心的颤动和噪声，铁心端面的一部分套有短路环。静铁心固定在外壳上，动铁心靠弹簧保持与静铁心的一段距离，吸引线圈套在静铁心上。触点系统包括静触点和动触点。吸引线圈和静铁心固定不动，当吸引线圈 2 通电时，产生电磁力，将动铁心 3 吸合于静铁心 1，于是使动断触点断开，使动合触点闭合；当线圈断电时，电磁力消失，拉力弹簧使动铁心恢复原位，各对触点也恢复原来的状态。

交流接触器的触点根据用途不同分为主触点和辅助触点两种类型。主触点一般有三对常开触点，面积较大，允许通过的电流也大，接在电动机主电路中，控制电动机的起动与停止。辅助触点一般有两个动断、两个动合，触点接触面小，允许通过的电流小，接在控制电路中。

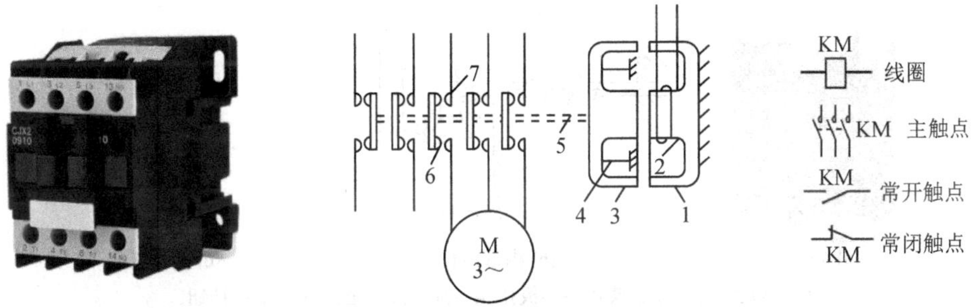

(a) 外形图　　(b) 内部结构　　(c) 图形符号

1—静铁心; 2—线圈; 3—动铁心; 4—弹簧; 5—绝缘杆; 6—动触点; 7—静触点。

图 2.10　交流接触器结构与符号

常用的交流接触器有 CJ10、CJ12、CJ24、CJ20、3TB、B 等系列，其最主要的技术参数有接触器额定电压（主触点额定电压）、额定电流（主触点额定电流）和线圈额定电压。例如，CJ10 系列交流接触器额定电流有 5 A、10 A、20 A、40 A、60 A、100 A、150 A 等数种，线圈额定电压通常为 220 V 或 380 V，也有 36 V 和 127 V。

2.2.5　继电器

继电器是根据一定的信号使其触点闭合或断开，从而实现对电气线路的控制或保护作用的一种自动电器。继电器的触点容量很小，一般只能接在控制电路中，不能接在电动机的主电路中，这是继电器与接触器的重要区别。下列介绍几种常用的继电器。

1. 中间继电器

中间继电器通常用来传递和同时控制多个电路，主要用于控制电路，起到中间转换的作用。也可直接用它来控制小容量电动机或其他电气执行元件。

中间继电器的基本结构和工作原理与接触器相似，但它的触头较多。一般有八对，可组成四对常开、四对常闭或六对常开、两对常闭或八对常开等三种形式。触点体积小，动作较灵敏。中间继电器图形及文字符号见图 2.11。

(a) 常见三极管　　(b) 图形符号

图 2.11　中间继电器外形与符号

常用的中间继电器有 JZ7 系列和 JZ8 系列两种,后者为交直流两用。

2. 热继电器

热继电器是一种利用电流热效应进行工作的自动控制电器。它主要用于电动机或其他电气设备、电气线路的过载保护、断相保护等。常用的热继电器有双金属片式、热敏电阻式、易熔合金式,使用最多的是双金属片式。热继电器的图形符号如图 2.12 所示。

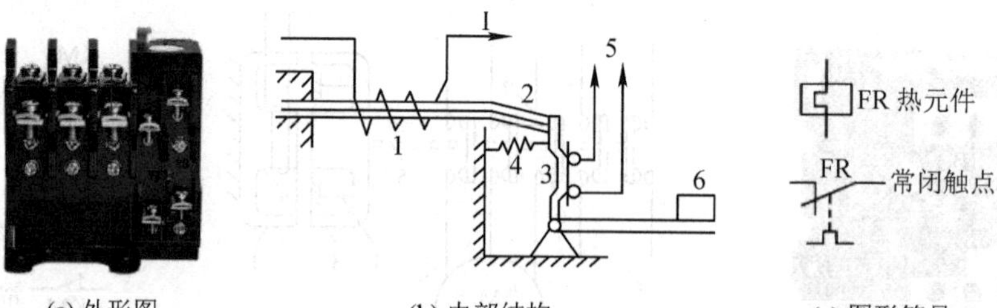

(a) 外形图　　(b) 内部结构　　(c) 图形符号

1—热元件; 2—双金属片; 3—板扣; 4—弹簧; 5—触点; 6—复位按钮。

图 2.12　热继电器结构与符号

热元件由电阻丝做成,电阻丝围绕在双金属片上(电阻丝和双金属片之间绝缘),其电阻值较小,工作时将它串接在电动机的主电路中。双金属片由两片线膨胀系数不同的金属片压合而成,左端与外壳固定。当热元件中通过的电流超过其整定值而过热时,由于双金属片的上面一层热膨胀系数小,而下面一层热膨胀系数大,使双金属片受热后向上弯曲,导致扣板脱扣,扣板在弹簧的拉力下将常闭触点断开。常闭触点一般串联在接触器线圈回路中,断开的触点使接触器线圈断电,从而切断了电动机的主电路,电动机得到保护。

由于双金属片的受热过程需要一定时间,因而在电动机起动或短时过载时,热继电器不会立即动作,从而可避免不必要的停车。因此,热继电器不能用作短路保护。

如果要热继电器复位,则按下复位按钮即可恢复工作。新型的热继电器既可手动复位也可自动复位。

热继电器主要技术参数有额定电压(正常工作时的最高电压)、额定电流(流过热继电器的最高电流)、额定功率、整定电流。整定电流是指当热元件中通过的电流超过整定值的 20%时,热继电器应在 20 min 内动作。选用时,应根据电动机的额定电流选择具有相应整定电流值的热元件。

3. 时间继电器

在生产过程中,有时需要按时间要求对电动机进行控制,即按照所需的时间间隔来接通、断开或换接被控制的电路,以协调和控制生产机械的各种动作,这就是时间控制。时间控制可以利用时间继电器来实现,其实物图如图 2.13 所示。

图 2.13　时间继电器的实物图

时间继电器是指加入(或撤掉)输入信号后,其输出电路经过规定的时间才产生跳跃式变化(或触点动作)的一种继电器。它经常使用在低电压或小电流的电路中,用来控制高电压、大电流电路的接通或断开。按照动作原理,可分为机械式(阻尼式、水银式、钟表式、双金属片式)和电气式(电动式、计数器式、热敏电阻式、阻容式)。

时间继电器的工作原理是当吸引线圈通电或断电后其触点经过一定延时再动作的继电器,是用来实现触点延时接通或断开的控制电器。按延时方式可分为接通延时、断开延时、定时吸合、循环延时四类。无论何种类型,其组成的主要环节包含延时、比较、执行三部分。

图 2.14 所示是通电延时的空气阻尼式时间继电器的结构原理图。它主要由电磁系统、触点系统和延时机构三部分组成,其中电磁系统为直动式双 E 型,触点系统借用微动开关,延时机构是利用空气通过小孔时产生阻尼作用的气囊式阻尼器。

(a) 外形图

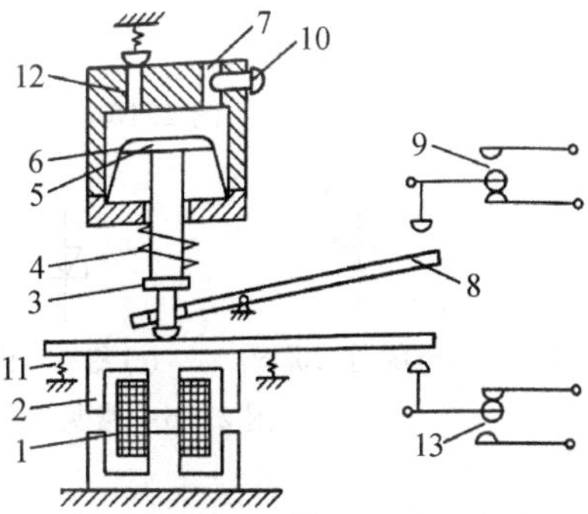

(b) 结构图

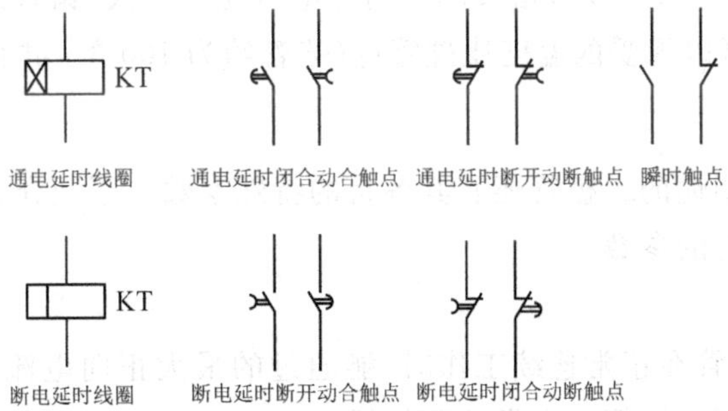

(c) 图形符号

1—线圈;2—动铁心;3—活塞杆;4,11—弹簧;5—活塞;6—橡皮膜;7—进气孔;8—杠杆;9,13—微动开关;10—螺钉;12—排气孔。

图 2.14　通电延时空气阻尼式时间继电器结构原理图及符号

通电延时时间继电器的常开触点和常闭触点的图形符号如图 2.14 所示。

2.3 常用半导体器件

2.3.1 半导体二极管

1. 半导体二极管

半导体二极管是常用的半导体分立器件之一。在电路中常用"D"加数字表示,如 D_6 表示编号为6的二极管。二极管的内部构成实质上是一个PN结,P端引出电极为正极,N端引出电极为负极。主要特性是单向导电性,也就是在正向电压的作用下,导通电阻很小;而在反向电压作用下导通电阻无穷大。

二极管按用途不同可以分为普通二极管和特殊二极管。普通二极管包括检波二极管、整流二极管、开关二极管、稳压二极管,特殊二极管包括变容二极管、光电二极管、发光二极管。常见的二极管如图2.15,电路图形符号如图2.16所示。

图2.15 常见二极管

(a) 普通二极管　(b) 隧道二极管　(c) 稳压二极管　(d) 发光二极管　(e) 光电二极管

图2.16 常见二极管符号图

二极管按材料可以分为锗管和硅管两大类。两者性能区别在于:锗管正向压降比硅管小(锗管为0.2 V,硅管为0.5~0.7 V);锗管的反向漏电流比硅管大(锗管约为几百微安,硅管小于1 μA);锗管的PN结可以承受的温度比硅管低(锗管约为100 ℃,硅管约为200 ℃)。

2. 二极管的主要参数

除通用参数外,不同用途的二极管还有其各自的特殊参数。下面介绍常用二极管的参数,如整流、检波二极管等共有的参数。

1)最大整流电流

最大整流电流是二极管在正常连续工作时,能通过的最大正向电流值。使用时电路的最大电流不能超过此值,否则二极管就会发热而烧毁。

2)最高反向工作电压

最高反向工作电压是二极管正常工作时所能承受的最高反向电压值,它是击穿电压值的一半。也就是说将一定的反向电压加到二极管两端,二极管的PN结不致引起击穿。一般使用时,外加反向电压不得超过此值,以保证二极管的安全。

3)最大反向电流

最大反向电流是指在最高反向工作电压下允许流过的反向电流。这个电流的大小,反映了二极管单向导电性能的好坏。如果反向电流值太大,就会使二极管过热而损坏,因此这个值越小,表明二极管的质量越好。

4)最高工作频率

最高工作频率是指二极管能正常工作的最高频率。如果通过二极管电流的频率大于此值,二极管将不能起到它应有的作用。在选用二极管时,一定要考虑电路频率的高低,应选择能满足电路频率要求的二极管。

3. 二极管的选用

1)二极管类型选择

按照用途选择二极管的类型。如用作检波可以选择点接触型普通二极管,用作整流可以选择面接触型普通二极管或整流二极管,用作光电转换可以选用光电二极管,在开关电路中应使用开关二极管等。

2)二极管参数选择

用在电源电路中的整流二极管,通常考虑两个参数,即最大平均整流电流 I_F 与最高反向工作电压 U_{RM},在选择的时候应适当留有余量。

3)二极管材料选择

选择硅管还是锗管,可以按照以下原则决定:要求正向压降小的选择锗管,要求反向电流小的选择硅管,要求反向电压高、耐高压的选择硅管。

2.3.2　半导体三极管

1. 半导体三极管

半导体三极管简称晶体管,或称双极型晶体管,它是一种控制电流的半导体器件,可用来对微弱信号进行放大和做无触点开关。晶体管在电路中常用“VT”加数字表示,如:VT_{15} 表示编号为 15 的晶体管。它具有结构牢固、寿命长、体积小、耗电省等优点,故在各个领域得到广泛应用。

晶体管按材质可分为硅管、锗管;按结构可分为 NPN 型管、PNP 型管;按功能可分为开关管、功率管、达林顿管、光敏管等;按功率可分为小功率管、中功率管、大功率管;按工作频率可分为低频管、高频管、超频管;按结构工艺可分为合金管、平面管;按安装方式可分为插件晶体管、贴片晶体管。常见的晶体管及图形符号如图 2.17 所示。

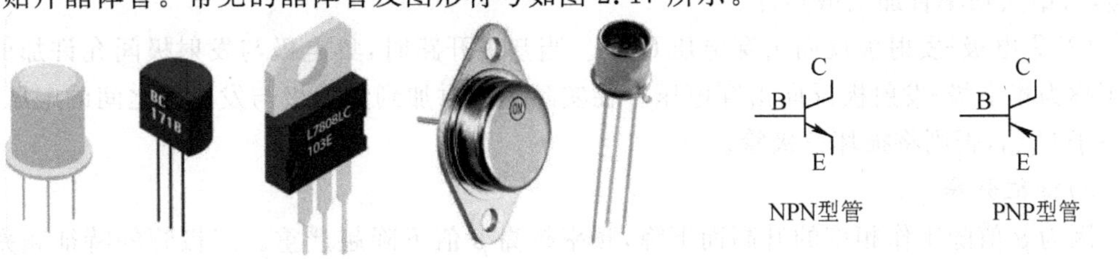

(a) 常见三极管　　(b) 图形符号

图 2.17　常见三极管图形符号

半导体三极管放大的必要条件:须给三极管加合适的电压,即管子发射结必须正向偏置,集电极必须反向偏置,这是三极管的放大必须具备的外部条件。

2. 三极管的主要参数

半导体三极管的参数是用来表示三极管的性能和适用范围的数据,是设计电路、选用三极管的依据。

1)三极管的电流放大系数 $\bar{\beta}$、β

当三极管接成共发射极电路时,在静态(无输入信号)时集电极电流 I_C 与基极电流 I_B 的比值,称为共发射极静态电流放大系数,又称直流放大倍数,用 $\bar{\beta}$ 表示,即

$$\bar{\beta}=\frac{I_C}{I_B} \tag{2-1}$$

当三极管工作在动态(有输入信号)时,基极电流的变化量为 ΔI_B,它引起的集电极电流的变化量为 ΔI_C。集电极电流的变化量 ΔI_C 与基极电流的变化量 ΔI_B 的比值,称为动态(交流)电流放大系数,用 β 来表示,即

$$\beta=\frac{\Delta I_C}{\Delta I_B} \tag{2-2}$$

以上两个参数分别表明了三极管对直流电流的放大能力及对交流电流的放大能力。但由于这两个参数值近似相等,即 $\bar{\beta}\approx\beta$,因而在实际使用时一般不再区分。

2)集电极-基极反向电流 I_{CBO}

它是指当发射极开路时,集电极与基极间加上规定的反向电压时,集电结中的漏电流。此值越小说明三极管的温度稳定性越好,一般小功率管 10 μA 左右,硅管更小些。

3)集电极-发射极反向电流 I_{CEO}

它也称穿透电流,是指当基极开路时,集电极与发射极之间加上规定的反向电压时,集电极的漏电流。这个参数表明三极管稳定性能的好坏。如果此值过大,说明该管不宜使用。

4)极限参数

(1)集电极最大允许电流 I_{CM}。当三极管的 β 值下降到最大值的一半时,管子的集电极电流就称为集电极最大允许电流。当管子的集电极电流 I_C 超过一定值时,将引起三极管某些参数的变化,最明显的是 β 值的下降。因此实际使用时 I_C 要小于 I_{CM}。

(2)集电极最大允许耗散功率 P_{CM}。当晶体管工作时,由于集电极要耗散一定的功率而使集电极发热。当温升过高时就会导致参数变化,甚至烧毁晶体管。为此规定三极管集电极温度升高到不至于将集电极烧毁所消耗的功率,就称为集电极最大耗散功率。在使用时为提高 P_{CM},可给大功率管加上散热片。

(3)集电极-发射极反向击穿电压 U_{CEO}。当基极开路时,集电极与发射极间允许加的最大电压称为集电极-发射极反向击穿电压。在实际使用时加到集电极与发射极之间的电压,一定要小于 U_{CEO},否则将损坏三极管。

5)特征频率 f_T

因为 β 值随工作频率的升高而下降,频率越高 β 值下降越严重。三极管的特征频率是当 β 值下降到 1 时的频率值。

3. 三极管的选用

1)类型选择

按用途选择三极管的类型。如按电路的工作频率,可分低频放大和高频放大,应选用相应的低频管或高频管;若要求管子工作在开关状态,应选用开关管。根据集电极电流和耗散功率的大小,可分别选用小功率管或大功率管,一般集电极电流在 0.5 A 以上,集电极耗散功率在 1 W 以上的选用大功率三极管,而 0.1 A 以下的称小功率管。还要按电路要求,选用 NPN 型管或 PNP 型管等。

2)参数选择

对放大管,通常必须考虑 4 个参数 β、$U_{(BR)CEO}$、I_{CM} 和 P_{CM},一般希望 β 值大,但并不是越大越好,需根据电路要求选择 β 值。β 值太高,易引起自激振荡,工作稳定性差,受温度影响也大。通常选 β 值在 40~100。$U_{(BR)CEO}$、I_{CM} 和 P_{CM} 是三极管极限参数,电路的估算值不得超过这些极限参数。

2.4　常用集成电路

集成电路(见图 2.18)是将电路的有源元件(二极管、三极管)和无源元件(电阻、电容)以及连线等制作在很小的一块半导体材料或绝缘基片上,形成一个具备一定功能的完整电路,然后封装于特制的外壳中。由于将元件集成于半导体芯片上,代替了分立元件,因而集成电路具有体积小、重量轻、可靠性高、电路性能稳定等优点。集成电路的出现改变了传统电子工业和电子产品的面貌,给组装、调试、进行大规模生产提供了方便。

图 2.18　各种型号集成电路芯片

2.4.1　常用集成电路及其使用

1. 数字集成电路及其使用

1)TTL 集成电路

TTL 电路以双极型晶体管为开关元件,所以又称双极型集成电路。它具有速度高(开关速度快)、驱动能力强等优点,但其功耗较大、集成度相对较低。根据应用领域的不同,它分为 54 系列和 74 系列,前者为军品,一般工业设备和消费类电子产品多用后者。74 系列数字集成电路是国际上通用的标准电路。

TTL 电路在使用时要注意:不许超过其规定的工作极限值,以确保电路能可靠工作。TTL 集成电路只允许在 5 V±10%的电源电压范围内工作。TTL 门电路的输出端不允许直接接地或接电源,也不允许并联使用(开路门和三态门例外)。TTL 门电路的输入端悬空相当于接高电平 1,但多余的输入端悬空(与非门)易引入外来干扰使道路的逻辑功能不正常,所以最好将多余输入端和有用端并联在一起使用。

2)CMOS集成电路

CMOS电路是互补型金属氧化物半导体电路(complementary metal-oxide-semiconductor)的缩写,它由绝缘场效应晶体管组成。CMOS电路在功耗、速度、集成度和可靠性方面具有显著优势,使其成为现代电子设备中不可或缺的组件。

CMOS电路在使用时要注意:电源电压端和接地端绝对不许接反,也不准超过其允许工作电压范围($V_{DD}=3\sim18$ V)。CMOS电路在工作时,应先加电源后加信号;工作结束时,应在撤除信号后再切断电源。CMOS集成电路的多余输入端一律不准悬空,应按其逻辑要求将多余的输入端接电源(与门)或接地(或门);CMOS集成电路的输出端不准接电源或接地,也不许将两个芯片的输出端直接连接使用,以免损坏器件。

2. 模拟集成电路及其使用

1)集成运算放大器

集成运算放大器的品种繁多,大致可分为"通用型"和"专用型"两大类。"通用型"集成运算放大器的各项指标比较均衡,适用于无特殊要求的一般场合。其特点是增益高、共模和差模电压范围宽、正负电源对称且工作稳定。"专用型"集成运算放大器有低功耗型(静态功耗在1 mW左右,如CA3078),高速型(转换速率在10 V/ms左右,如m A715),高阻型(输入电阻在1012Ω左右,如CA3140)等。"专用型"除具有"通用型"的特性指标外,特别突出其中某一项或两项特性参数,以适用于某些特殊要求的场合。

集成运算放大器在使用前应进行下列检查:能否调零和消振,正负向的线性度和输出电压幅度;若数值偏差大或不能调零,则说明器件已损坏或质量不好。集成运算放大器在使用时,因其管脚较多,必须注意管脚不能接错。更换器件时,注意新器件的电源电压和原运放的电源电压是否一致。

2)集成直流稳压器

直流稳压电源是电子设备中不可缺少的单元。集成稳压器是构成直流稳压电源的核心,它体积小、精度高、使用方便,因而被广泛应用。可分为三端固定稳压器(如CW78××系列和CW79××系列,其中CW78××系列为正电压输出,CW79××系列为负电压输出;稳压值有5 V、6 V、9 V、12 V、15 V、18 V、24 V);三端可调集成稳压器(如CW117/217/317输出的是正电压,CW137/237/337输出的是负电压)。

稳压块在满负荷使用时必须加合适的散热片;防止将输入端与输出端接反;避免接地端(ground,GND)出现浮地故障;当稳压器输出端接有大容量电容器时,应在$U_I\sim U_O$端之间接一只保护二极管(二极管正极接U_O端),以保护稳压块内部的大功率调整管。

3)集成功率放大器

集成功率放大器按输出功率的大小分为小、中、大功率放大器,其输出功率从几百毫瓦到几百瓦。按集成功率放大器内电路的不同可分为两大类:第一类具有功率输出级,一般输出功率在几瓦以上;第二类没有功率输出级(又叫功率驱动器),使用时需外接大功率晶体管作为输出级,输出功率可达十几瓦到几百瓦。应在规定的负载条件下工作,切勿随意加重负荷,杜绝负载短路现象。

3. 片状集成电路

为实现电子产品的体积微型化,近年来电子元器件向小、轻、薄的方向发展,人们发明了表面安装技术(surface mount technology,SMT)。使用表面安装技术的器件(片状元器件)包括电阻器、电容器、电感器、二极管、三极管、集成电路等,其中片状集成电路较为典型,它具有引脚间距小、集成度高等优点,广泛用于彩电、笔记本计算机、移动电话、DVD 等高新技术电子产品中。

2.4.2　集成电路的一般检测方法

集成电路的一般检测可采用非在线(集成电路没有接在电路中)与在线(集成电路接在印制电路板中)检测的两种方法。

1. 非在线检测各引脚对地电阻

将万用表置于电阻挡,一表笔接触集成电路的接地脚,然后用另一支表笔测量各引脚对地正、反向电阻,将读数与正常的同型号集成电路比较,如果相差不多则可判定被测集成电路是好的。集成电路正常电阻可通过资料或测量同型号的正品集成电路得到。

2. 在线电压检测

在印制电路板通电的情况下,先测集成电路各引脚的电压。大部分说明书或资料中都标出了各引脚的电压值。当测出某引脚电压与说明书或资料中所提供的差距较大时,应先检查与此引脚相关的外围各元器件有无问题。若这些外围元器件正常,再用测集成电路引脚对地电阻的办法进一步判断。

在线电压检测时,应注意以下几个方面。

(1)由于集成电路引脚之间的距离很小,因此测量时要小心,防止因表笔滑动造成两相邻引脚间短路,使集成电路损坏。

(2)要区别所提供的标称电压是静态工作电压还是动态工作电压,因为集成电路个别引脚的电压随着注入信号的有无发生明显变化,因此测试时可把信号断开,然后再观察电压是否恢复正常,电压正常则说明标称电压属动态工作电压。而动态电压是在某一特定的条件下测得的,若测试时的接收场强不同或音量不同,动态电压也不一样。

(3)要注意外围可变元件引起的引脚电压变化。当测出的电压与标称电压不符时,可能是由于该引脚外围电路所连接的是电位器(如音量、色饱和、对比度电位器等)造成的。所以,当出现某一引脚电压与标称电压不符时,可通过转动电位器看能否调到标称值附近。

3. 在线电阻测量

利用万用表测量集成电路各引脚对地的正、反向(直流)电阻,并与正常数据进行对照。

2.4.3　集成电路的选择和使用

集成电路的系列相当多,各种功能的集成电路应有尽有,在选择和使用集成电路时应注意以下几点。

(1)在选用集成电路时,应根据实际情况,查阅器件手册,在全面了解所需集成电路的性能和特点的前提下,选用功能和参数都符合要求的集成电路,充分发挥其效能。

(2)在使用集成电路时,不许超过器件手册规定的参数数值。

(3)结合电路图对集成电路的引脚编号、排列顺序核实清楚,了解各个引脚功能,确认输入输出端位置、电源、地线等。插装集成电路时要注意引脚序号方向,不能插错。

(4)在焊接扁平型集成电路时,由于其引脚成型,所以应注意引脚要与印制电路板平行,不得穿引扭焊,不得从根部弯折。

(5)在焊接集成电路时,不得使用功率大于 45 W 的电烙铁,每次焊接的时间不得超过 10 s,以免损坏集成电路或影响集成电路性能。集成电路引出线间距较小,在焊接时不得相互锡连,以免造成短路。

(6)在安装集成电路时,要选择有利于散热通风、便于维修更换器件的位置。

(7)CMOS 集成电路有金属氧化物半导体构成的非常薄的绝缘氧化膜,加在栅极的电压可以控制源区和漏区之间的电通路,而加在栅极上的电压过大,栅极的绝缘氧化膜就容易被击穿。一旦发生了绝缘击穿,就不可能再恢复集成电路的性能。CMOS 集成电路为保护栅极的绝缘氧化膜免遭击穿,虽备有输入保护电路,但这种保护也有限,使用时如不小心,仍会引起绝缘击穿。

(8)安装完成之后应仔细检查各引脚焊接顺序是否正确,各引脚有无虚焊及互连现象,一切检查完毕之后方可通电。

2.4.4 几种常用的 TTL 集成电路

国产 TTL 器件,有 4 个系列品种,即 CT1000 通用系列、CT2000 高速系列、CT3000 肖特基系列、CT4000 低功耗肖特基系列。国外 TTL 的典型产品为 74 族数字集成电路。国产 TTL 器件和对应 74 族系列器件的性能基本相同,一般可互换使用,如表 2-2 所示。

表 2-2 国产 TTL 器件和对应 74 族系列器件对应表

器件	对应型号			
国产 TTL	CT1000	CT2000	CT3000	CT4000
国外 74 族	74	74H	74S	74LS

CT4000(74LS)系列产品是低功耗肖特基器件,静态电流小,在保证快速的条件下降低了结温和噪声,提高了器件的可靠性,因而应用十分广泛,其部分常用产品如表 2-3 所示。

表 2-3 CT4000(74LS)系列产品功能表

CT4000 系列	74LS 系列	功能
CT4004	74LS04	六反相器
CT4014	74LS14	六施密特
CT4000	74LS00	四 2 输入与非门
CT4020	74LS20	双 4 输入与非门
CT4011	74LS11	三 3 输入与非门
CT4027	74LS27	三 3 输入或非门
CT4074	74LS74	双 D 上升沿触发器
CT4112	74LS76	双 JK 下降沿触发器
CT4247	74LS47	BCD 七段译码器
CT4160	74LS60	可预置 BCD 同步十进制加法计数器
CT4163	74LS63	可预置四位二进制加法计数器
CT4390	74LS90	双 BCD 同步十进制加法计数器

第 3 章　常用电工电子仪表仪器的使用

3.1　常用电工仪表的基本知识

电路中各个物理量(如电压、电流、功率)的大小可以使用电工仪表去测量。使用电工仪表测量具有下列优点:结构简单,使用方便,可根据实际测量环境选择足够精确的电工仪表测量,还可以将电工仪表灵活地接入测量电路,并可实现远距离测量等。

3.1.1　常用电工仪表的分类

常用的电工仪表是直读式仪表,一般按照下列几个方法来分类。

1. 按照被测量电路参数的种类分类

电工仪表按照被测量电路参数的种类分类,如表 3-1 所示。

表 3-1　电工仪表按照被测量电路参数的种类分类

序号	被测量电路参数	仪表名称	符号
1	电流	电流表	Ⓐ
2	电压	电压表	Ⓥ
3	电功率	功率表	[W]
4	电能量	电度表	[Wh]
5	相位差	相位表	(φ)
6	频率	频率计	(Hz)
7	电阻	电阻表	(Ω)

2. 按照被测量电路参数的性质分类

电工仪表根据被测量电路参数的性质可以分为直流仪表、交流仪表、交直流两用表等。在仪表的表头、刻度表上通常标有不同的符号标志,常见符号如表 3-2 所示。

表 3-2　常用仪表表头符号含义

符号	含义	符号	含义
—	直流	ϟ 2 kV	仪表绝缘试验电压 2000V
～	交流	↑	仪表直立放置
≂	交直流	→	仪表水平放置
3～或≋	三相交流	∠60°	仪表倾斜 60°放置

3. 按照仪表的工作原理分类

电工仪表根据其工作原理可以分为磁电式、电磁式、电动式、整流式等,如表 3-3 所示。

表 3-3 电工仪表按工作原理分类

类型	符号	被测电路参数	电流的种类与频率
磁电式		电流、电阻、电压	直流
电磁式		电流、电压	直流及工频交流
电动式	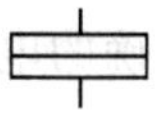	电流、电压、电功率、功率因数、电能量	直流、工频及较高频率的交流
整流式		电流、电压	工频及较高频率的交流

3.1.2 常用电工仪表的选用常识

电工仪表在选用时,通常根据仪表类型、准确度、量程、内阻等进行选择。

1. 仪表类型的选择

仪表类型的选择应根据被测量的电流(电压)的种类来考虑。测量直流时,选用磁电式仪表。若测量交流,可选用磁电式仪表或电动式仪表,所测得的值是它的有效值。

选用仪表时,不但要考虑被测量的电流(电压)的种类,还要考虑被测量的频率。测量工频电流(电压),可选用磁电式仪表或电动式仪表,电动式仪表的使用范围可扩展到中频。

2. 仪表准确度的选择

通常认为仪表的准确度越高,其测量精度越高,其实不完全这样。仪表的准确度必须与合理的量程配合使用,才能获得令人满意的测量精度。仪表的准确度越高,其造价越高。所以,应本着既符合测量精度要求,又符合经济的原则来选择仪表准确度。

通常,0.1、0.2 级仪表作为标准仪表和精密测量来使用;0.5、1.0 级仪表作为实验测量来使用;1.5 级以下作为一般工程测量来使用。

3. 仪表量程的选择

在选用仪表量程时,应使被测量值越接近满标值越好。一般情况下,应使被测量值超过仪表满标值的一半以上,以便减少测量误差。

4. 仪表内阻的选择

选择仪表时,还应根据被测对象的内阻来选择仪表的内阻,否则,将产生较大的测量误差。电压表和功率表的电压线圈是并联在被测量电路中的,要求其内阻越大越好;电流表和功率表的电流圈是串联在应测量电路中的,要求其内阻越小越好。

3.2　常用仪表仪器的使用

3.2.1　数字式万用表

万用表是一种可进行多种电量测量的多量程便携式复用仪表，它的特点是用途广、量限多、使用简单、携带方便。它是从事电气维修、实验和研究人员必备和必须掌握的测量工具之一。万用表的种类很多，根据测量结果的显示方式不同，可分为指针式（模拟式）和数字式两大类，其结构特点都是用一块表头（指针式）或一块液晶显示器（数字式）来指示读数，使用转换器件、转换开关来实现各种不同测量目的的转换。

数字式万用表具有测量精度高、显示直观、功能全、可靠性好、小巧轻便以及便于操作等优点。下面以 VC890D 型万用表（见图 3.1）为例，说明数字式万用表的使用方法。

图 3.1　VC890D 型数字式万用表

1）直流电压的测量

直流电压的测量范围为 0～1000 V，共分五挡，被测量值不得高于 1000 V 的直流电压。将黑表笔插入“COM”插孔，红表笔插入“V/Ω”插孔。根据电压的大小将转换开关置于直流电压挡的相应量程上，然后将测试表笔跨接在被测电路上，红表笔所接的该点电压与极性显示在屏幕上。

2）交流电压的测量

交流电压的测量范围为 0～750 V，共分五挡。将黑表笔插入“COM”插孔，红表笔插入“V/Ω”插孔。根据电压的大小将转换开关置于交流电压挡的相应量程上，红黑表笔不分极性且与被测电路并联。

3）直流电流的测量

直流电流的测量范围为 0～20 A，共分四挡。将黑表笔插入“COM”插孔，红表笔插入“mA”插孔（最大为 200 mA），或红表笔应插入“20 A”插孔（最大为 20 A），转换开关置于直流电流挡的相应量程上，然后将万用表的表笔串联接入被测电路中，被测电流值及红表笔点的电流极性将同时显示在屏幕上。

4）交流电流的测量

交流电流的测量范围为 0～20 A，共分四挡。表笔插法与直流电流测量相同，将转换开关置于交流电流挡的相应量程上，然后将表笔与被测电路串联，红黑表笔无须考虑极性。

5）使用注意事项

（1）数字万用表内置电池后方可进行测量工作，使用前应检查电池电源是否正常。电源开关打开后显示屏应有数字显示，若显示屏出现低电压符号应及时更换电池。

（2）测量时，应选择合适量程，若不知被测值大小，可将转换开关置于最大量程挡，在测量中按需要逐步下降。如果屏幕显示“1”，一般表示量程偏小，称为“溢出”，需选择较大的量程。

（3）当转换开关置于“Ω”“二极管”挡时，不得带电测量。

（4）测量电阻时，如果表笔断路或被测电阻值大于量程时，则会显示“1”。严禁被测电阻带电,阻值可直接读出,无须乘以倍率。测量大于 1 MΩ 电阻值时,几秒钟后读数方能稳定,这属于正常现象。

3.2.2 交流毫伏表

交流毫伏表是用来测量正弦交流电压有效值的电子仪器,与一般交流电压表相比,交流毫伏表量程多,频率范围宽,灵敏度高,适用范围更广;交流毫伏表的输入阻抗高,输入电容小,对被测电路影响小。因此,交流毫伏表在电子电路的测量中得到了广泛的应用。

DF1930A 型全自动数字交流毫伏表(见图 3.2)采用单片机控制技术,集模拟与数字技术于一体,是一种通用型毫伏表,适用于测量频率范围为 5 Hz～2 MHz,电压范围为 100 μV～300 V 的正弦波有效值电压。该交流毫伏表具有测量精度高、测量速度快、输入阻抗高、频率影响误差小等优点。下面介绍其使用方法。

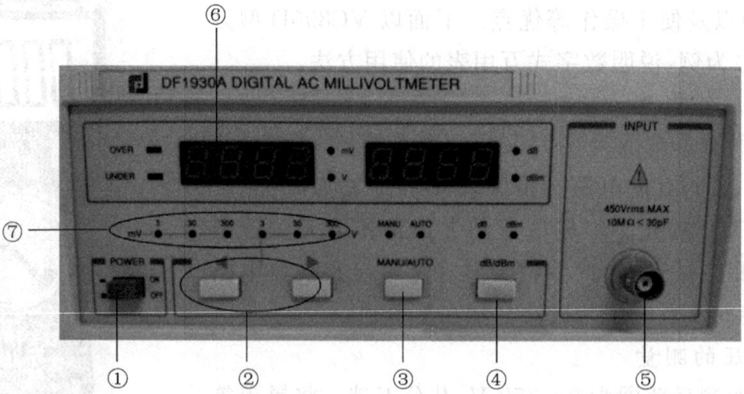

图 3.2　DF1930A 型交流毫伏表

1. 面板布置及功能说明

①电源开关。此按键按下时,机内电源接通,整机工作;此键释放为关掉整机电源。

②量程选择旋钮。量程的设置有自动和手动两种方式,可通过面板上的"MANU/AUTO"按钮进行切换。当选择手动设置量程时,面板上的"MANU"指示灯亮,用户可通过面板上的量程选择按钮"▷""◁"进行量程的设置,对应的量程指示灯亮起。当所测信号电压超出所选量程时,"OVER"指示灯亮,提醒用户所测电压超出量程,应重新选择合适的量程。

③手动/自动切换按钮。通过"MANU/AUTO"按键进行切换。

④dB/dBm 选择按钮。dB 测量范围为－80～50 dB(0 dB＝1 V),dBm 测量范围为－77～52 dBm(0 dB＝1 mW 600 Ω)。

⑤信号输入端。测量信号输入端口。

⑥电压显示屏。显示电压的读数。

⑦量程指示。当选择自动设置量程时,面板上的"AUTO"指示灯亮,系统会根据所测信号电压值自动选择量程。DF1930A 型交流毫伏表共有 6 档量程,分别是 3 mV、30 mV、300 mV、3 V、30 V、300 V。

2. 使用方法

(1)按下电源开关,为了保证仪器稳定性,需将仪器预热 15～30 min。

(2)开机时,仪器处于手动量程 300 V 挡,电压和 dB 显示状态。若采用手动测量方式,在加入信号前应用量程切换按键选择合适的量程。在测量过程中,也可根据仪器的提示设置量程。若“OVER”灯亮表示过量程,此时电压显示“HHHH”V,dB 显示为“HHHH”dB,应手动切换到上面的量程。当“UNDER”灯亮时,表示测量欠量程,应切换到下面的量程。

用“AUTO/MANU”按键可将仪器设置为自动测量方式,此时仪器能根据被测信号的大小自动选择量程,同时允许手动干预量程选择。当仪器在自动测量方式下且量处于 300 V 挡,若“OVER”灯亮表示过量程,此时电压显示“HHHH”V,dB 显示为“HHHH”dB,表示输入信号过大,超出了仪器的使用范围。

(3)当仪器设置为手动测量方式时,从输入端加入被测信号后,只要量程选择恰当,读数能马上显示出来。当仪器设置为自动测量方式时,由于要进行量程的自动判断,读数显示略慢于手动测量方式。

3.2.3　函数信号发生器

函数信号发生器简称信号源,它可以按需要输出正弦波、方波、三角波三种信号波形。通过输出衰减开关和幅度调节旋钮,可使输出电压在毫伏级到伏级范围内连续调节。函数信号发生器的输出信号可以通过频率挡选择和频率微调旋钮进行调节。注意,函数信号发生器作为信号源,它的输出端不允许短路。下面以 SP1641B 型函数信号发生器(见图 3.3)为例,详细说明其使用方法。

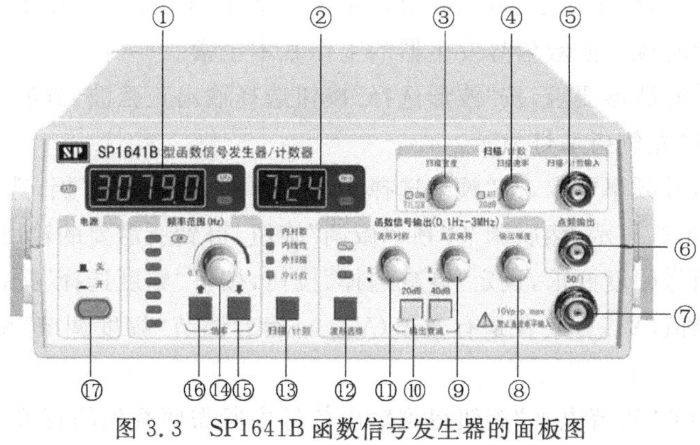

图 3.3　SP1641B 函数信号发生器的面板图

1. 面板布置及功能说明

①频率显示窗口。显示输出信号的频率或外测频信号的频率。

②幅度显示窗口。显示函数输出信号的幅度。

③扫描宽度调节旋钮。调节此电位器可调节扫频输出的频率范围。在外测频时,逆时针旋到底(绿灯亮),为外输入测量信号经过低通开关进入测量系统。

④扫描速率调节旋钮。调节此电位器可以改变内扫描的时间长短。在外测频时,逆时针旋到底(绿灯亮),为外输入测量信号经过衰减“20 dB”进入测量系统。

⑤扫描/计数输入插座。当“扫描/计数键”功能选择在外扫描状态或外测频功能时,外扫描控制信号或外测频信号由此输入。

⑥点频输出端。输出标准正弦波 100 Hz 信号,输出幅度 $2V_{p-p}$。

⑦函数信号输出端。输出多种波形受控的函数信号,输出幅度 $20V_{p-p}$(1 MΩ 负载)、$10V_{p-p}$(50 Ω 负载)。

⑧函数信号输出幅度调节旋钮。调节范围为 20 dB。

⑨函数输出信号直流电平偏移调节旋钮。调节范围:−5 V～+5 V(50 Ω 负载),−10 V～+10 V(1 MΩ 负载)。当电位器处在关位置时,则为 0 电平。

⑩函数信号输出幅度衰减开关。"20 dB""40 dB"键均不按下,输出信号不经衰减,直接输出到插座口。"20 dB""40 dB"键分别按下,则可选择 20 dB 或 40 dB 衰减。"20 dB""40 dB"同时按下时为 60 dB 衰减。

⑪输出波形对称性调节旋钮。调节此旋钮可改变输出信号的对称性。当电位器处在关位置时,则输出对称信号。

⑫函数输出波形选择按钮。可选择正弦波、三角波、脉冲波输出。

⑬"扫描/计数"按钮。可选择多种扫描方式和外测频方式。

⑭频率微调旋钮。调节此旋钮可微调输出信号频率,调节基数范围为从 0.1～1。

⑮倍率选择按钮。每按一次此按钮可递减输出频率的 1 个频段。

⑯倍率选择按钮。每按一次此按钮可递增输出频率的 1 个频段。

⑰整机电源开关。此按键按下时,机内电源接通,整机工作。此键释放为关掉整机电源。

2. 使用方法

(1)开启电源开关,频率显示窗口、幅值显示窗口的 LED 正常显示数值,示波器上可以观察到信号的波形,此时说明函数信号发生器的工作基本正常。

(2)根据输出信号波形要求,按"波形选择"按钮选择输出正弦波、方波或三角波,选中的波形可在频率显示窗口左侧指示灯显示。

(3)根据输出信号频率要求,按"频率选择"按钮选择适当的频率挡,选中的频率挡可在频率显示窗口下方指示灯显示;然后调节"频率微调"旋钮,得到所需要的输出信号频率。

(4)根据输出信号幅度要求,设定"衰减选择"按钮,按下"幅度选择"按钮,选择输出波形幅值显示方式是峰-峰值(V_{p-p})或者是有效值(V_{rms}),然后调节"幅度调节"旋钮,得到所需要的输出电压的幅值。

(5)根据需要调节"直流电平"旋钮得到输出信号中所需要叠加的直流分量(该功能如不使用则将旋钮置于"关")。

(6)根据需要调节"输出波形对称"旋钮可改变输出脉冲信号空度比。与此类似,输出波形为三角或正弦时可使三角波调变为锯齿波,正弦波调变为正与负半周分别为不同角频率的正弦波形,且可移相 180°。

(7)信号发生器输出已调好的信号,输出探极与外接电路连接时要注意红色线是正极,黑色线是负极(信号地)。

3.2.4 示波器

示波器是电子设备检测中必不可少的测试设备,用它可以直接观测各种不同电信号幅度随时间变化的波形曲线,还可以测试多种参数,如电压、电流、频率、周期、相位差、脉冲幅度、上升及下降时间等。下面以 DS5022M 双踪示波器为例说明其使用方法。

1.面板布置及功能说明

DS5022M 示波器的面板如图 3.4 所示，面板中大部分旋钮和功能按钮的作用都有所标注，便于用户进行基本操作和高级测量，具体布置及功能如下。

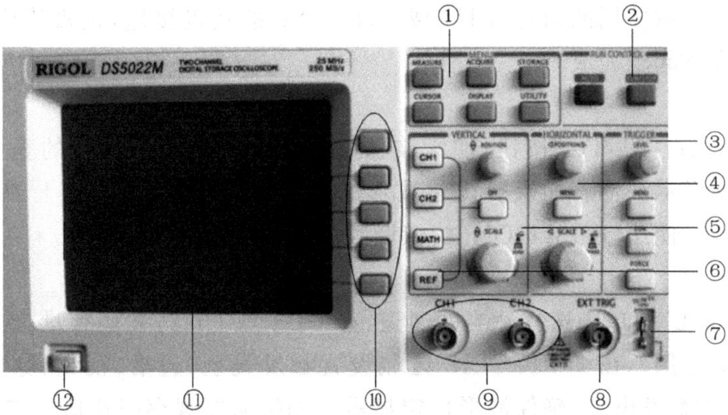

图 3.4　DS5022M 示波器的面板

①常用功能控制区：有六个主操作键，包括自动测量键（MEASURE）、采样设置键（ACQURE）、存储位置键（STORAGE）、光标测量键（CURSOR）、设置显示键（DISPLAY）和系统功能设置键（UTILTY）。

②运行停止控制区：有两个操作键，自动设置键（AUTO），运行/停止键（RUN/STOP），“AUTO”键用于自动设置波形显现和档位，“RUN/STOP”键控制波形采样的开始与停止。

③触发控制区：触发类型包括边沿、视频、脉宽和延迟，触发方式则有自动、普通和单次。这些灵活的选项使用户可以根据不同的测试需求选择合适的触发模式。触发源可以是 CH1、CH2、EXT、EXT/5 和 AC line，通过触发电平调整旋钮（LEVEL）设定触发点对应的信号电压，确保稳定触发。

④水平控制区：按下水平控制区的“MENU”键，可以进入延迟扫描、格式、触发位移及触发释抑等高级设置，满足特定的测量需求。通过水平控制区的“SCALE”旋钮调整主时基或延迟扫描时基，改变秒/格的显示，同时可以使用“POSITION”旋钮调整通道波形的水平位置。

⑤垂直系统控制区：使用垂直系统中的“POSITION”旋钮可以调整波形在屏幕中的上下位置；“SCALE”旋钮则用于改变波形在屏幕中所占垂直方向的格数。

⑥通道控制区：有四个通道，两个信号通道 CH1、CH2，一个数学运算通道 MATH，一个参考波形通道 REF。通过按 VERTICAL 中的相应通道按钮，可以选择要操作的通道。

⑦校准信号输出端：提供 1 kHz，3V 的基准信号，用于示波器的自检。

⑧外触发输入：选择外触发方式时，触发信号由此端口输入。

⑨输入接口：用于连接输入电缆，输入被测信号，共有两路，CH1 和 CH2。

⑩菜单选择按钮：面板上包括旋钮和功能按键，其中显示屏右侧的一列 5 个灰色按键为菜单操作键，从 1 号至 5 号，通过这些按键可以设置当前菜单的不同选项。

⑪液晶显示区：配备高清晰度液晶显示屏，显示波形、测量数据和操作菜单。

⑫电源：采用全球通用的电源设计，支持 100～240 V 输入，最大功率为 40 W，方便在不同地区使用。

2. 使用方法

1)开机前准备

确保示波器的电源线连接正确无误,并且连接到稳定电源上;检查探头是否正确连接至示波器的通道接口,将欲使用的通道(CH1 或 CH2)探头的负极接地,正极接待测信号。打开示波器电源,等待设备起动完成。

2)基本设置

按下前面板上的"AUTO"按钮,使示波器自动设置适合当前信号的垂直、水平和触发控制,并在显示界面显示波形。如果要优化波形的显示,可通过旋转面板上的"SCALE"旋钮调整波形显示的大小,使用"POSITION"旋钮调整波形在屏幕上的位置。

3)波形捕获

在"VERTICAL"菜单中选择适当的通道,如 CH1 或 CH2,并调整耦合方式(交流、直流、接地)和探头衰减比例。在"TRIGGER"区域设置触发类型(边沿、视频、脉宽、延迟),选择合适的触发源并调整触发电平,确保波形稳定显示。如果需要观察高速信号或复杂波形,可以使用水平系统的延迟扫描功能来展开波形细节。

4)测量分析

使用前面板上的"MEASURE"键进行自动测量,包括峰峰值、幅值、频率等参数的测量。利用 CURSOR(光标)功能手动测量波形特定点之间的时间或电压差。应用"FFT"分析功能,研究信号的频域特性,如频谱分布。

5)数据管理与存储

通过"SAVE/RECALL"键保存当前的波形配置和屏幕截图到内部存储,或者从内存中调取之前保存的数据。使用"REF"(参考波形)通道,可以同时显示多个波形进行比较分析。

6)高级功能

利用"MATH"(数学运算)功能对两个通道的信号进行加、减、乘、除等运算处理。通过调节前面板上的多功能旋钮,可以精细调整波形显示效果,如调整对比度、亮度等。

7)关机与保管

在完成所有测量和分析后,按下"RUN/STOP"键停止波形采样,然后关闭前面板上的电源开关。断开电源线,按照设备说明书中推荐的步骤进行设备清洁和保养,最后妥善存放示波器,避免高温、潮湿和灰尘环境。

第4章　电工技术课程设计

4.1　电气控制电路基础

各种电气设备和生产机械大多是以电动机作为原动机来拖动的，不同的生产机械和电气设备的控制要求不同，必须配备各种电气控制设备和保护设备，组成一定的电气控制电路，以满足生产工艺的要求，实现生产过程的自动化。

电气控制设备的种类繁多、功能各异，但其控制原理、基本电气控制电路、设计方法等方面均相类同。电气控制系统中，把各种有触点的接触器、继电器、按钮、行程开关等电器元件，用导线按一定的控制方式连接起来组成的电路，称为电气控制电路，也称为继电-接触器控制系统。

各种生产机械的电气控制电路无论是简单的还是复杂的，都由一些比较简单的基本控制环节有机地组合而成。在设计、分析控制电路和判断故障时，一般都从这些基本控制环节入手。因此，掌握电气控制电路的基本环节以及一些典型电路的工作原理、分析方法和设计方法，将有助于我们掌握复杂的电气控制电路的分析、设计方法。

4.1.1　电气控制系统图的绘制原则

电气控制电路是由若干电气元件按照一定的要求用导线连接而成的，并实现一定功能的控制电路。为了表达生产机械电气控制系统的组成、工作原理等设计内容，便于电气系统的安装、调试和维护，需要将这些电气元件及其连接用一定的图形表达出来，这种图就是电气控制系统图或称电气图。

电气控制系统图一般有三种：电气原理图、电气安装接线图和电气元件布置图。它们用统一的图形符号及文字符号绘制而成。在图上用不同的图形符号来表示各种电气元件，并用不同的文字符号来说明电气元件的名称、用途、主要特征等。

1. 电气图中的图形符号及文字符号

电气图形符号是电气技术领域必不可少的工程语言，只有正确识别、使用电气图形符号和文字符号，才能阅读电气图和绘制符合标准的电气图。

常用的电气图形符号及文字符号可参见附录A。

2. 电气原理图的绘制原则

电气控制线路通常用原理图表示，电气控制原理图的绘制原则及读图方法如下：

(1)按照国家规定的图形符号和文字符号画图。

(2)控制线路由主电路(被控制负载所在电路)和控制电路（控制主电路状态)组成。此外还有信号电路和照明电路等。

(3)属同一电器元件的不同部分(如接触器的线圈和触点)通常按其功能和所接电路的不同分别画在不同的电路中,但必须标注相同的文字符号。

(4)所有电器的图形符号均按未动作、未受外力、未通电的状态画出。

(5)与电路无关的部件(如铁心、支架、弹簧等)在控制电路中不画出。

3. 分析和设计控制电路时应注意的问题

(1)控制电路要简单,电器元件数量尽量少,工作要准确可靠。

(2)尽可能避免多个电器元件依次动作才能接通另一个电器的控制电路。

(3)必须保证每个线圈的额定电压,不能将两个线圈串联。

4.1.2 电气安装接线图

电气安装接线图是电气设备进行施工配线、敷线和校线工作时所应依据的图样之一。它必须符合电气设备原理图的要求,并清晰地表示出各个电气元件和装备的相对安装与敷设位置以及它们之间的电连接关系。它是检修和查找故障时所需的技术文件,根据表达对象和用途不同,接线图有单元接线图、互连接线图和端子接线图等。其主要编制规则如下:

(1)各电气元件均按实际安装位置绘出,元件所占图面按实际尺寸以统一比例绘制。

(2)一个元件中所有的带电部件均画在一起,并用点画线框起来,即采用集中表示法。

(3)各电气元件的图形符号和文字符号必须与电气原理图一致,并符合国家标准。

(4)各电气元件上凡是需接线的部件端子都应绘出,并予以编号,各接线端子的编号必须与电气原理图上的导线编号相一致。

(5)不在同一安装板或电气柜上的电气元件或信号的电气连接一般应通过端子排连接,并按照电气原理图中的接线编号连接。

(6)走向相同、功能相同的相邻多根导线可用单线或线束表示。画连接线时,应标明导线的规格、型号、颜色、根数和穿线管的尺寸。

4.1.3 电气元件布置图

电气元件布置图用来表明电气原理图中各元器件的实际安装位置,为机械电气控制设备的制造、安装、维护、维修提供必要的资料。可根据电气控制系统的复杂程度采取集中绘制或单独绘制。在绘制元件布置图时,应遵循以下几条原则:

(1)体积大和较重的电气元件应安装在电气安装板的下方,发热元件应安装在电气安装板的上方。

(2)强电、弱电应分开,弱电应屏蔽和隔离,防止外界干扰。

(3)需要经常维护、检修、调整的电气元件安装位置不宜过高或过低。

(4)电气元件的布置应考虑整齐、美观、对称的方针。外形尺寸与结构类似的电器应安装在一起,以利安装和配线。

(5)电气元件布置不宜过密,应留有一定间距。若用走线槽,应加大各排电器间距,以利布线和维修。

4.2 交流电动机的基本控制电路

三相笼型异步电动机由于结构简单、运行可靠、使用维护方便、价格便宜等优点得到了广泛的应用。三相笼型异步电动机的起动、停止、正反转、调速、制动等电气控制电路是最基本的控制电路。本节以三相笼型异步电动机为控制对象,介绍基本电气控制电路。

4.2.1 点动控制

所谓点动控制,即按一下按钮,电动机就转动,松开按钮,电动机就停止。这种控制往往用于设备(如机床)的调试、检修等。

图 4.1 所示为三相异步电动机单向点动控制电路。它由隔离开关 QS、熔断器 FU、按钮 SB、接触器 KM 和电动机 M 组成。电路由主电路和控制电路两部分组成。

起动时,先合上隔离开关 QS,引入三相电源,按下按钮 SB,接触器 KM 的线圈通电产生电磁力,使衔铁吸合,带动常开的主触点 KM 闭合,电动机接通电源便转起来。若松开按钮 SB,接触器线圈断电,主触点分开,切断电源,电动机停转。

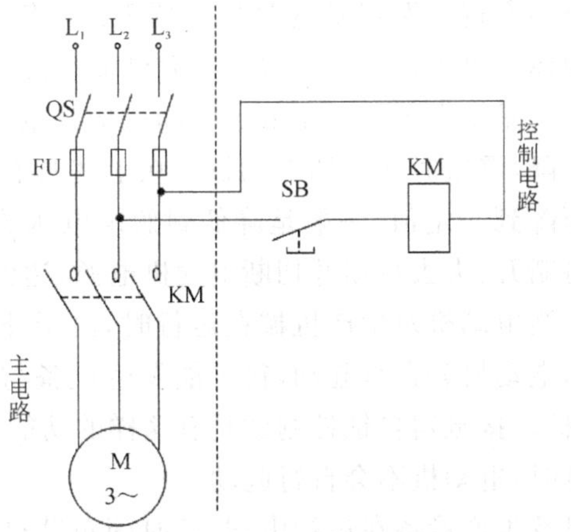

图 4.1 电动机点动控制电路

4.2.2 直接起停连续控制

大多数生产机械需要连续工作,如机床、通风机、水泵等,为了使电动机在按钮松开后还能继续转动,将接触器的一对辅助常开触点(这对辅助触点和主触点同时闭合)与起动按钮并联,如图 4.2 所示。当闭合隔离开关 QS,按下起动按钮 SB_2 以后,接触器线圈 KM 得电,衔铁吸合,接触器主触点 KM 闭合,电动机转动。同时与按钮并联的常开辅助触点 KM 也闭合,从而为接触器线圈提供了另一条通路,此时松开按钮后接触器线圈能保持通电,电动机就能连续转动。接触器用自己的常开辅助触点“锁住”自己的线圈电路,这种作用称为“自锁”。此时接触器的常开辅助触点成为“自锁触点”。

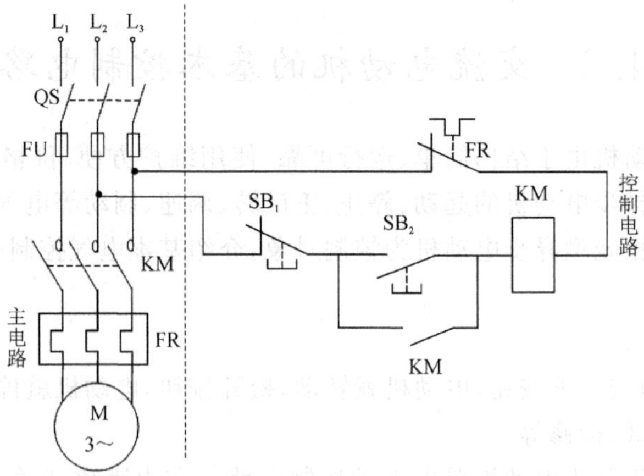

图 4.2 电动机直接起停连续控制电路

按下停止按钮 SB_1,接触器 KM 线圈断电,接触器主触点和常开辅助触点都断开,电动机因断电而停转。此时即使停止按钮复位,接触器线圈也不能获电,电动机也不能转动。

上述控制电路实现了短路保护、欠压保护、零压(失压)保护和过载保护。

(1)短路保护。在电路中实现短路保护的是熔断器 FU。当电路中主电路或者控制电路发生短路时,流过熔断器熔体的电流比正常过载电流大得多,熔体立即熔断,切断电路。

(2)欠压保护。"欠电压"是指电源的电压低于电动机应加的额定电压。其后果是电动机转矩显著减小、转速随之下降,严重时会损坏电动机。在上述具有接触器自锁的控制电路中,若电动机运行时,电源电压降到一定值(一般是降低到额定电压的 85%以下)时,电磁吸力不足,自锁触点和主触点同时断开,失去自锁并切断电动机电源,达到欠压保护。

(3)零压(失压)保护。当电动机及生产机械在运行时,由于外界的原因突然断电,电动机被迫停转。当恢复供电时,电动机若自行起动,很可能发生设备与人身事故,将防范这种事故的保护称为零压(失压)保护。接触器自锁控制就具有这样的功能,断电时,接触器自锁触点和主触点一起断开,恢复供电时,电动机不会自行起动。

(4)过载保护。电动机及生产设备在运行中,若长时间负载过大或操作频繁,会导致电流超过额定电流,从而引起电动机绕组过热,使绝缘损坏,影响其使用寿命,因此要对电动机采用过载保护。上述电路由热继电器 FR 实现过载保护。当电流超过额定值,经过一定时间,串联在主电路中的发热元件因受热而弯曲,使串联在控制电路中的常闭触点断开,切断控制电路,进而切断主电路,迫使电动机停转,达到过载保护的目的。

在实际生产中,往往需要既可以点动又可以连续转动的控制电路,如图 4.3 所示。图中 SB_2 为连续控制按钮,SB_3 为点动控制按钮,利用复合按钮先离后合的特点,使自锁触点在点动控制时不起作用;SB_1 为停止按钮。

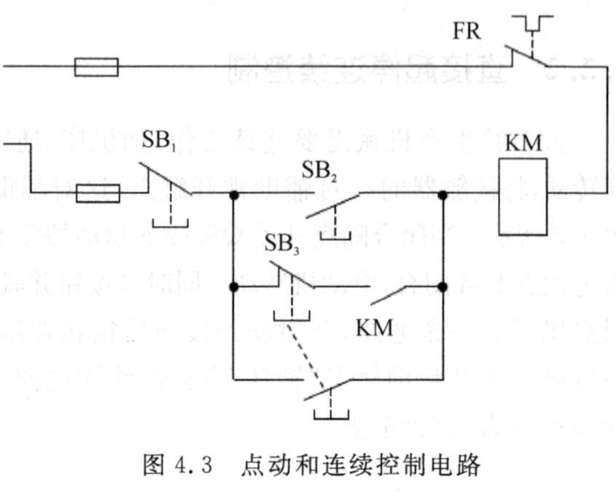

图 4.3 点动和连续控制电路

4.2.3　正反转控制

在实际生产中往往要求运动部件有正反两个方向运动。如机床工作台的前进与后退、主轴的正反转、电梯的上行与下行等，要实现这些要求就需要电动机正反转。由三相异步电动机的工作原理可知，只要改变通入三相定子绕组中电流的相序，即任意对调两根电源进线就可以实现反转。因此，要用两个接触器实现这一要求，如图 4.4 所示，当接触器 KM_F 工作时，电动机正转，而当接触器 KM_R 工作时，由于进入电动机定子绕组电流相序变了，电动机反转。

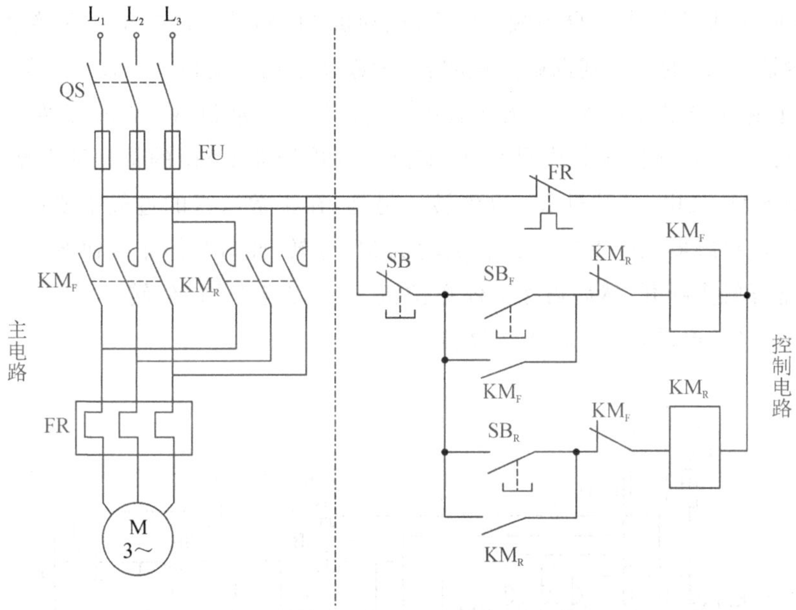

图 4.4　电动机正反转控制电路

由主电路图可知，两个接触器的主触点决不允许同时闭合，否则两根电源线通过主触点发生短路。因此，电动机正反转控制电路必须保证两个接触器不能同时工作。

在正反转控制电路中，同一时间两个接触器只允许一个工作的控制作用称为互锁或联锁。下面介绍常用的具有互锁的正反转控制电路。

控制电路如图 4.4 所示，将两只接触器的常闭辅助触点串联到对方接触器线圈所在支路，即 KM_F 常闭触点串联于 KM_R 线圈支路，KM_R 常闭触点串联于 KM_F 线圈支路。这样，当按下正转起动按钮 SB_F，正转接触器线圈 KM_F 通电，串联在反转接触器线圈支路中的常闭辅助触点 KM_F 断开，从而切断了 KM_R 线圈支路，这样即使按下反转按钮 SB_R，反转接触器线圈 KM_R 无法通电。反之亦然。这样就保证两个接触器不能同时通电，实现互锁。

正反转控制电路，欲改变电动机转向，必须先按停止按钮 SB。

4.2.4　顺序控制

在生产实践中，一些装有多台电动机的生产机械设备在工作时，会要求多台电动机按照一定的顺序起动或停止。例如，车床主轴转动前要求润滑油泵电动机首先起动，提供足够的润滑油后,才能起动主轴电动机;而停机时顺序则要相反,必须先停止主轴电动机后再停止油泵电动机。这些要求反映了几台电动机或几个动作之间的顺序关系。按照上述要求实现的控制,称为顺序控制。

如图 4.5 所示的控制电路就是三相异步电动机 M_1 和 M_2 的顺序控制电路。图中 M_1 是液压泵电动机,M_2 是主轴电动机。为了确保 M_1 先起动,M_2 后起动,将接触器 KM_1 的一对常开的辅助触点串联在接触器 KM_2 线圈的支路中;为使 M_2 先停,M_1 后停,则将 KM_2 一对常开辅助触点并联在停止按钮 SB_1 的两端。这样,当按下起动按钮 SB_2,控制液压泵电动机的接触器 KM_1 线圈通电,其主触点与自锁触点闭合,电动机 M_1 转动。同时串联在接触器线圈 KM_2 支路中的接触器 KM_1 的常开辅助触点也闭合,为起动主轴电动机 M_2 做好准备。如果 M_1 未起动,即使按下起动按钮 SB_4,M_2 也无法起动。当液压泵电动机 M_1 因故停转时,由于接触器 KM_1 线圈失电,其串联在接触器线圈 KM_2 支路中的接触器 KM_1 的常开辅助触点也断开,致使接触器线圈 KM_2 失电,电动机 M_2 也停转。另外,在正常运行的过程中要停止必须先按下停止按钮 SB_3,使接触器线圈 KM_2 失电,电动机 M_2 停转,此时与停止按钮 SB_1 并联的接触器 KM_2 的辅助常开触头断开,然后再按下停止按钮 SB_1,方能使 M_1 停转。如果 M_2 电动机未停止,按停止按钮 SB_1,电动机 M_1 也无法停转。

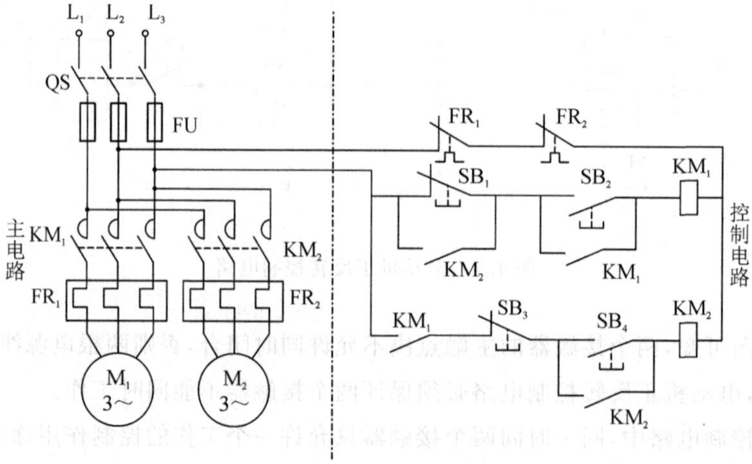

图 4.5　顺序控制电路

4.2.5　时间控制

在生产过程中,可以对多台电动机按时间要求进行控制。例如,在图 4.5 所示的两台电动机顺序起动控制的基础上,增加时间控制。要求 M_1 起动后,经过一定的时间(8 s)后 M_2 自行起动,M_1 和 M_2 同时停。主电路仍为图 4.5 中的主电路,控制电路如图 4.6 所示,需要用到时间继电器进行延时,延时时间整定为 8 s。工作过程如下:

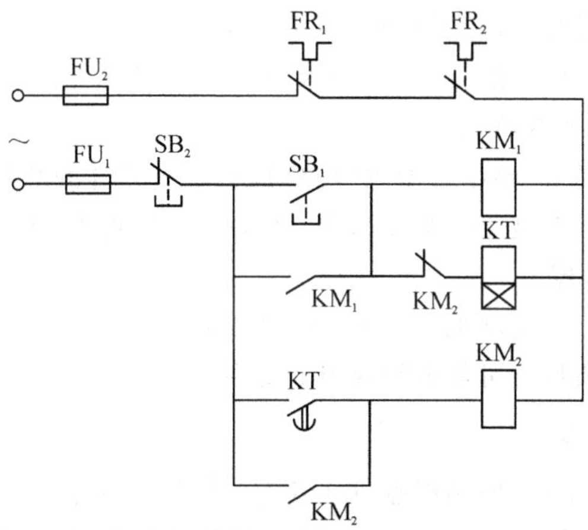

图 4.6　时间控制的顺序起动控制电路

先闭合电源开关 QS，按下电动机 M_1 的起动按钮 SB_1，接触器线圈 KM_1 通电，其辅助常开触点 KM_1 闭合形成自锁，主触点 KM_1 闭合，电动机 M_1 先起动运行；同时常闭辅助触点 KM_2 保持原始闭合状态，使通电延时时间继电器线圈 KT 通电，开始延时；延时 8 s 后，时间继电器的延时闭合触点 KT 闭合，接触器线圈 KM_2 通电，其辅助常开触点 KM_2 闭合形成自锁，主触点 KM_2 闭合，电动机 M_2 起动；辅助常闭触点 KM_2 断开，通电延时时间继电器线圈 KT 失电，其延时闭合触点 KT 断开，通电延时时间继电器恢复到初始状态。按下停止按钮 SB_2，接触器线圈 KM_1 和 KM_2 同时失电，辅助常开触点 KM_1 和 KM_2 断开，辅助常闭触点 KM_2 闭合，电动机 M_1 和 M_2 同时停止转动。

时间继电器还可用于 Y－Δ 换接起动、能耗制动等电动机控制电路中。

4.3　电气控制电路设计方法及应用

电气控制电路的设计方法有：一般设计法（或称经验设计法）和逻辑设计法。

一般设计法主要应用在一些结构相对比较简单的电路中，在熟练掌握电气控制电路基本环节并能对一般生产机械电气控制电路进行分析的基础上，可以对简单的控制电路进行设计。根据加工工艺对电气控制系统提出的要求，选用不同的控制电路基本环节，按其先后的逻辑关系和动作顺序将它们组合在一起。对于较复杂的电路，一般设计法难以胜任，就要采用逻辑设计法，它的基本原理在数字电路中讲述，在此不做介绍，本节仅简单介绍电气控制电路的一般设计法。

4.3.1　电气控制电路的设计方法

1. 电气控制电路设计的一般要求

电气控制电路分为主电路和控制电路两大部分。主电路是流过负载电流的电路，如控制电路是控制一台电动机的起动、停止，那么流过电动机定子绕组的电流为负载电流。控制电路是流过控制电流的电路，电动机的起动、停止要靠其触点的接通、断开来实现，触点的接通与断开是由接触器线圈的通电与断电来实现的，所以线圈流过的电流电路就是控制电路。

主电路和控制电路的设计,都必须满足以下要求:

(1)保证整个系统安全可靠的工作,不能因为一个电气元件的误动作或损坏而发生事故,这是电气控制电路设计的基本原则。

(2)在安全可靠的前提下,要尽量做到电路简单,电气元件的数量、规格要少,以降低成本。

(3)控制电路的电源可以是 110 V、220 V 和 380 V,当使用的元器件数量不多时使用 220 V 或 380 V,不使用控制变压器。

(4)操作要简单、方便,不能增加操作者的额外负担。

(5)电气控制电路必须具有可靠的短路和过载保护。

2. 控制电路的设计步骤

对于一个电气控制系统,一般是根据加工工艺,先确定各台电动机主电路接触器主触点的连接方法,确定各接触器的通电顺序,也就确定了接触器线圈的通电顺序,由此设计出控制电路。下面通过具体实例说明控制电路的设计步骤。

设计一冷库的电气控制电路,该冷库有 4 台电动机,即水泵电动机、冷却塔电动机、蒸发器电动机和压缩机电动机,还有一个电磁阀。要求:水泵电动机、冷却塔电动机、蒸发器电动机同时起动,压缩机电动机在水泵电动机起动 5 s 后起动,电磁阀需要在压缩机起动 5 s 后起动;统一停止运行。设计步骤如下。

1)设计主电路

因为水泵电动机、冷却塔电动机、蒸发器电动机同时起动,而它们的容量不大,可以共用一个接触器。压缩机要滞后一段时间,而电磁阀又要滞后压缩机电动机一段时间,所以它们分别用各自的接触器,通过接触器主触点的动作顺序,即可实现延时起动的要求。图 4.7 为满足上述要求的主电路设计。

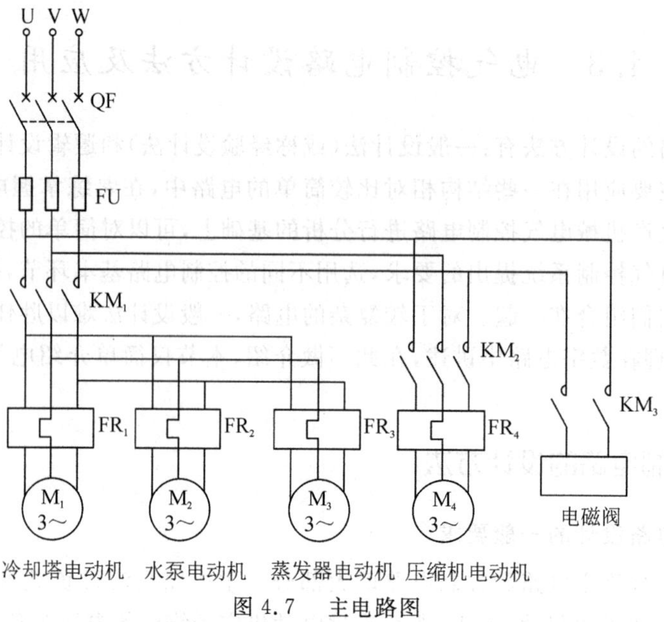

图 4.7　主电路图

2)列出各主电路电气元件的动作要求

(1)按下起动按钮后,KM_1 接触器线圈通电,主触点吸合;延时继电器 KT_1 通电开始计时。

(2)KT_1 得电 5 s 后,KM_2 线圈通电,KM_2 主触点吸合;延时继电器 KT_2 通电开始计时。

(3)KT_2 得电 5 s 后,KM_3 线圈通电,KM_3 主触点吸合。

(4)按下停止按钮后,所有线圈失电,主触点断开,电动机立即停止。

3)设计基本控制环节

根据控制要求可选择一个自动(自锁)环节、两个时间控制环节,如图 4.8 所示。

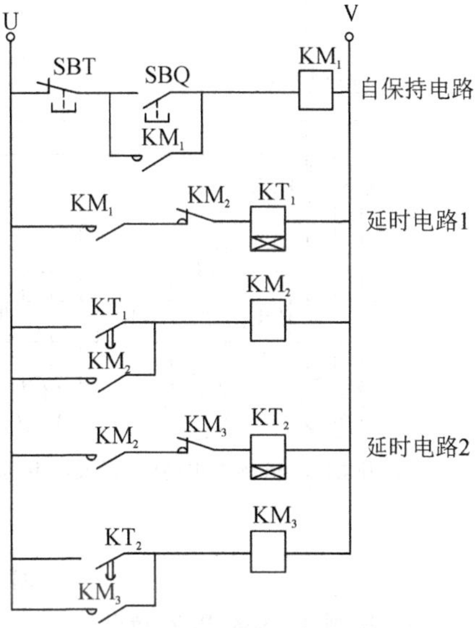

图 4.8　基本控制环节

基本电路控制环节要考虑各个环节之间的动作顺序,首先是控制 3 台电动机的接触器 KM_1 的线圈通电吸合并自锁,同时延时继电器 KT_1 线圈通电开始计时,5 s 后压缩机电动机接触器 KM_2 线圈通电,压缩机电动机起动同时延时继电器 KT_2 线圈得电开始计时,5 s 后电磁阀接触器 KM_3 线圈通电,电磁阀起动。

4)简化电路

将基本电路中功能相同、接法相同的触点进行简化。如图 4.9(a)、(b)所示。

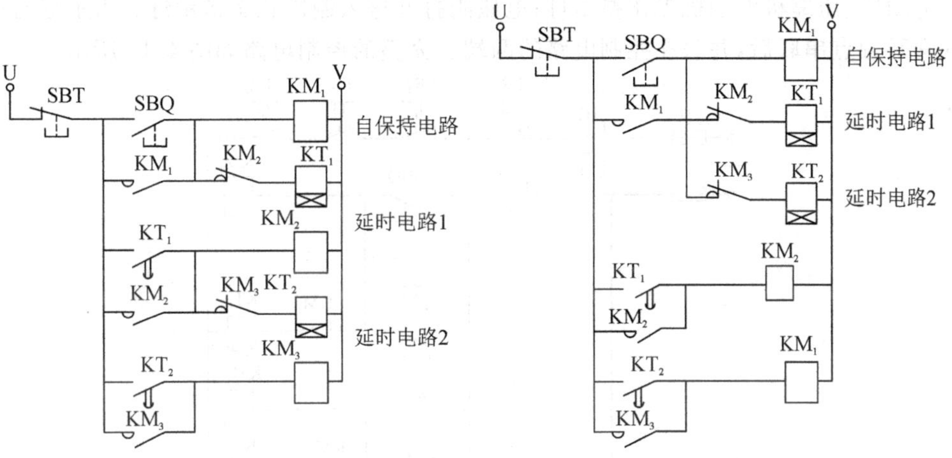

(a) 两延时环节依次接通电路　　(b) 两延时环节同时接通电路

图 4.9　控制电路的简化

5)电路的完善

电路中还应具有短路保护和过载保护。短路保护用熔断器实现。FU_1～FU_3 为主电路的熔断器,FU_4 和 FU_5 为控制电路的熔断器。过载保护用热继电器实现。FR_1～FR_4 分别为冷却塔电动机、水泵电动机、蒸发器电动机、压缩机电动机的热继电器。4 台电动机中只要有 1 台过载,它对应的热继电器的辅助触点就会断开,继而切断控制电路的电源,实现过载保护,如图 4.10 所示。

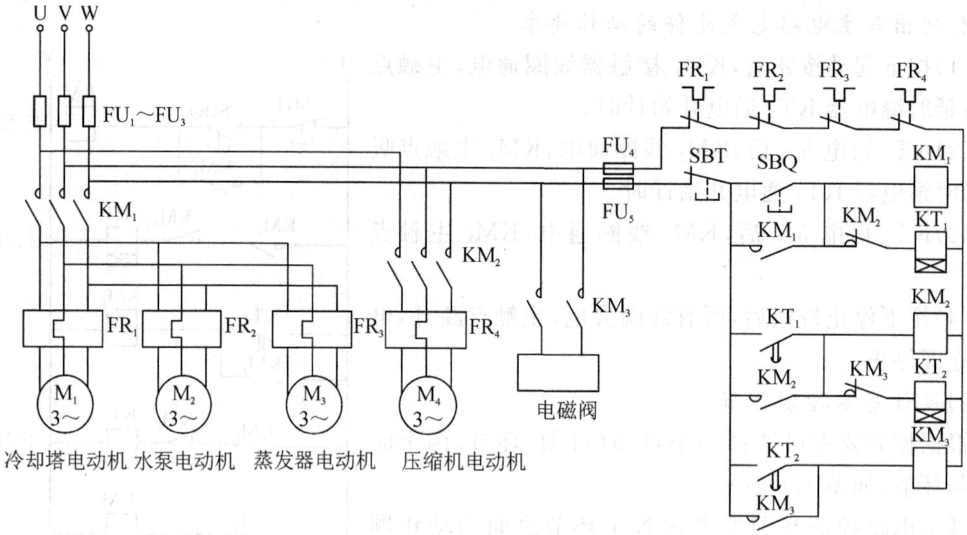

图4.10 初步完善的控制电路

6)控制电路的具体功能

冷库与冰箱一样,当温度低于设置温度时,应自动停机。为实现这一功能,要求冷库内安装温度控制器。当冷库温度达到设定温度时,温度控制器自动动作,它的触点断开切断电源。因此,将温度控制器BT的常闭触点串接在控制电路的总电路中,与停止按钮的作用相同。

该冷库控制电路还应具有工作状态指示即电源工作指示灯;蒸发器电动机、水泵电动机、冷却塔电动机、压缩机电动机工作指示灯;电磁阀打开进入制冷状态指示灯。指示灯与相应接触器的常开触点串联后,并联在控制电路的两端。完整的控制电路如图4.11所示。

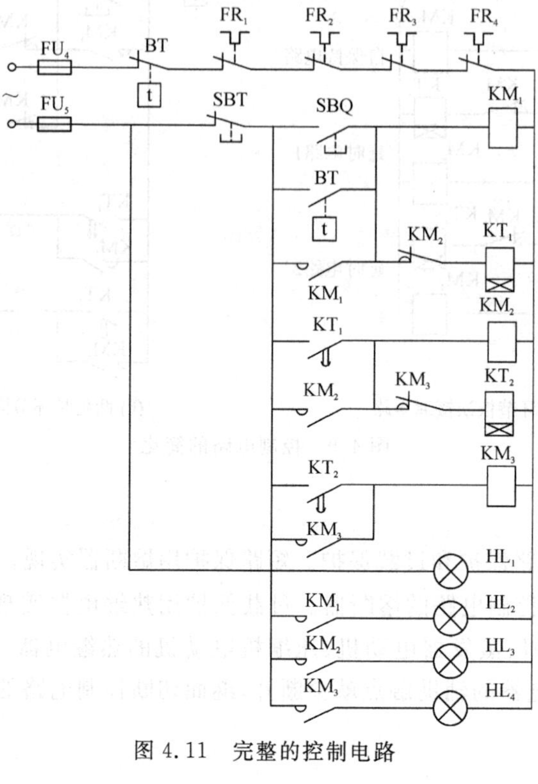

图4.11 完整的控制电路

7)统计触点数量

电气控制电路的元件大多数是由接触器和继电器的触点串、并联组成的，每一种型号的接触器和继电器的触点数量是有限的，如果电路中某个接触器或继电器的触点数量超过实际元件的数量，可另加中间继电器扩展触点的数量。即在需要扩展触点的接触器或继电器线圈两端并联一继电器的线圈。这样并联继电器的触点就补充了缺少的触点，如图 4.12 所示。

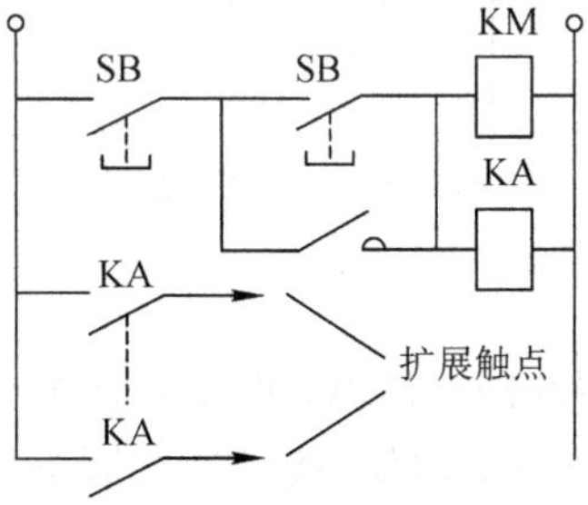

图 4.12　中间继电器拓展触点数量

8)校验电路

设计完后，要做成实验模拟电路，对电路进行严格的实验，看是否完全符合工艺要求。也可以通过仿真软件进行仿真实验，准确无误后方可投入生产设备使用。

3. 电气控制电路设计的一般规律

电气控制电路是通过触点的通、断控制电动机或其他电气设备来完成工作的。即使是复杂的控制电路，大部分也是由常开触点或常闭触点的串联或并联组合而成的，即“与”逻辑、“或”逻辑、“与非”逻辑和“或非”逻辑。

1)常开触点的串联

当要求几个条件同时具备时，即可使电器线圈通电动作，这可用几个常开触点与线圈串联的方法来实现。如图 4.13 所示，KA_1、KA_2、KA_3 都动作闭合，接触器线圈 KM 才通电，KM 的触点才动作。这种关系在逻辑电路中称为“与”逻辑。

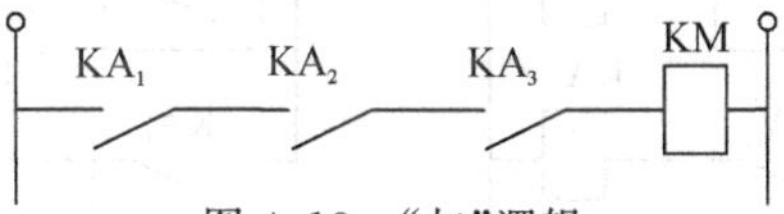

图 4.13　“与”逻辑

2)常开触点的并联

当几个条件中具备某一条件时，即可使电器线圈通电动作，这可用几个常开触点的并联来实现。如图 4.14 所示，只要 KA_1、KA_2、KA_3 其中之一动作，接触器线圈 KM 就通电动作。这种关系在逻辑电路中称为“或”逻辑。

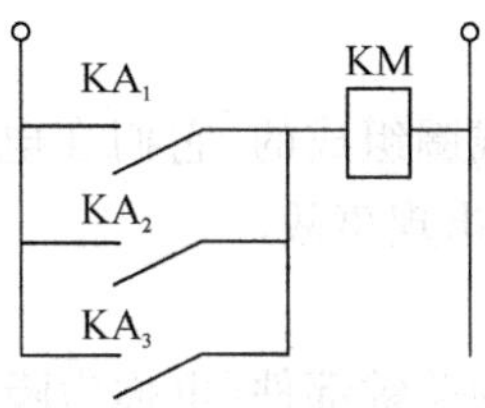

图 4.14　“或”逻辑

图 4.15 中的 SB_3、SB_4 为控制起动按钮,只要按下其中之一,接触器线圈 KM 就通电动作。

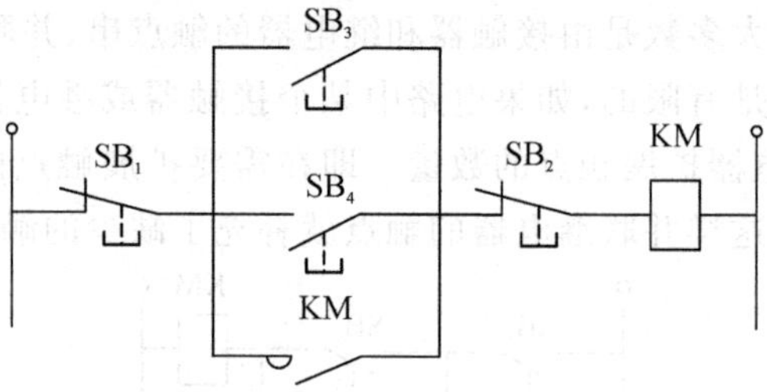

图 4.15 “与非”逻辑

3)常闭触点的串联

当几个条件具备一个时,电器线圈就断电,可用几个常闭触点串联的方法来实现。例如,上图中的 SB_1、SB_2 停止按钮,其中一个动作,接触器线圈 KM 就断电。这种关系在逻辑电路中称为“与非”逻辑。

4)常闭触点的并联

当几个条件同时具备时,电器线圈才断电,可用几个常闭触点并联。这种关系在逻辑电路中称为“或非”逻辑。

4.3.2 电气控制电路设计的注意事项

1.尽量避免许多电器依次动作才能接通另一个电器的现象

如图 4.16(a)所示电路中,KA_1 线圈通电后,KA_1 触点闭合才能使 KA_2 线圈通电,而 KA_2 的触点动作后才能使 KA_3 线圈通电,这是顺序动作的过程。但这种顺序动作的时间间隔只为从线圈通电到触点闭合的极短时间,一般只有 0.02～0.05 s。当这一顺序动作没有严格要求时,图 4.16(a)所示的电路可用图 4.16(b)所示的电路形式代替,这样便提高了电路的可靠性。

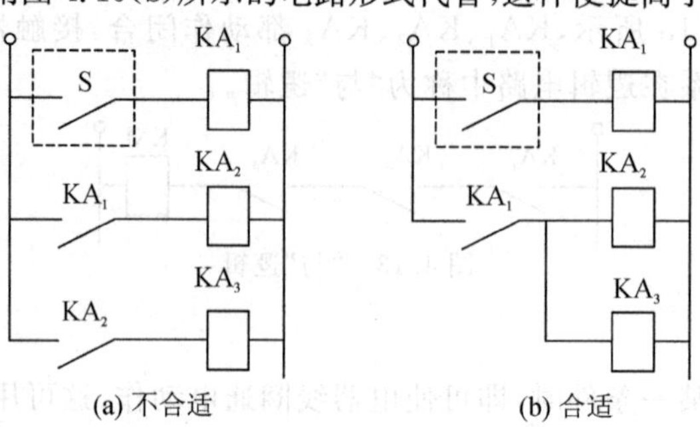

(a) 不合适　(b) 合适

图 4.16　触点的合理使用

2.电气控制电路要正确连线

电气控制电路是由触点和电器线圈组成的,它们在电路图中的正确连接非常重要;否则,不但会增加使用导线的根数,甚至会出现事故。

1)电器线圈的连接

电器线圈是保证触点正确动作的关键部件(也称为降压部件)。它的两端要通过触点和控制电路电源的一端联系起来,它的正确画法如图 4.17(a)所示。

图 4.17(a)中所有的电器线圈的右端短接起来接电源的一端。线圈的左端与电器的触点连接。这样保证了某一触点发生断路故障时,不会引起电源短路,同时接线方便。

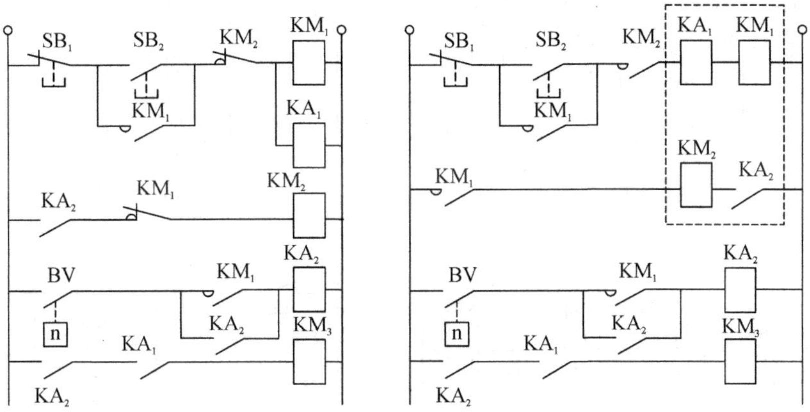

(a) 正确　　(b) 不正确

图 4.17　线圈的连接

2)交流线圈不允许串联使用

交流电器的线圈是感性负载,型号不同的交流电感线圈的阻抗是不同的,所以不同型号线圈两端压降是不同的。串联使用不能保证每个线圈压降为电源电压的 1/2,这样不能使电路正常工作。图 4.17(a)所示的接法是正确的,图 4.17(b)是错误的。

3)在设计控制电路时,应尽量减少导线的数量和长度

电气控制电路是画在一张图纸上的,但电气元件并不都在一个电路柜中,可能分布在生产机械的各个部位,通过接线的端子排按控制电路联系起来。电路图的联系方式直接影响使用导线的数量和长度。

图 4.18(a)、(d)是正确的连接方式,图(b)、(c)是不正确的连接方式。在图 4.18(a)中,接触器放在控制柜中,控制按钮放在操作台上,按图(a)的接法控制柜到操纵台用 3 根线,图(b)用 4 根线,图(c)用 4 根线,图(d)用 3 根线。

3. 联锁及保护措施

在设计控制电路中,要考虑各种联锁关系,还有电气系统具有的各种保护措施,如过载、短路、失压、零压、限位等各种保护。

4. 在控制电路中应尽量减少触点的数量,以提高系统的可靠性

作为控制电路,如果功能相同,电器数量与触点数量越少越好。多一个触点就相当于多了一个故障点,所以减少触点数量,就相当于提高了系统的可靠性。减少控制电路的触点数量可以通过触点合并来解决。触点的合并主要着眼于同类性质的触点或一个触点能完成的动作不用两个触点。

5. 其他设计要求

在设计控制电路时,还要考虑故障检查、检测仪表、信号指示、报警以及照明灯等要求。

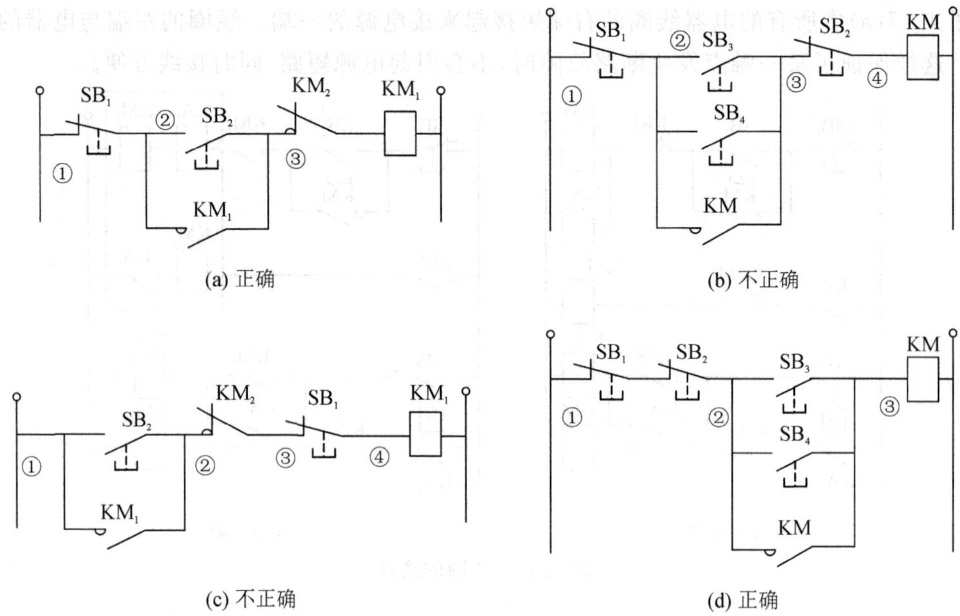

图 4.18 电气元件的接线

4.3.3 常用电气元件的选择

完成电气控制电路设计之后,要选择所需要的控制电气元件。正确、合理地选用电气元件,是控制电路安全可靠的重要条件,电气元件的选择依据是电气产品目录中的各项技术指标(数据)。

1. 控制按钮

按钮通常是用来接通或断开小电流控制电路的开关。按钮可分为以下几类:

(1)普通式按钮:用于垂直操作。它又可分为单一式,即只有一对常开触点和一对常闭触点;还有复合式,即有两对或两对以上的常开触点和常闭触点。这种形式按钮的共同特点是,当手松开后,触点会自动复位。

(2)旋转式按钮:用于扭动旋转操作。它只是一对常开触点和一对常闭触点,不具有自动复位功能。

(3)钥匙式按钮:用于插入专用的钥匙旋转操作。它也属于旋转式的一种,也不具有自动复位功能。

(4)指示灯按钮:指示灯按钮是在普通按钮中放入指示灯,可显示操作的信号。

(5)紧急按钮:紧急式按钮专用在紧急停止的场合,为操作方便、容易,按钮做成蘑菇形。

常用的国产按钮为LA系列。

2. 自动空气开关

自动空气开关又称为自动空气断路器,它可以接通或分断负载的工作电流,也能自动分断过载电流或短路电流,分断能力强,同时具有欠压、过载和短路保护的功能。

选择空气开关应参考其主要参数,即额定电压、额定电流和允许分断的极限电流等。自动空气开关过载保护的整定电流应大于或等于负载长期工作允许通过的平均电流;短路保护的整定电流，应等于负载额定电流的 10 倍。开关的极限分断能力应大于或等于被保护的短路电流。

常用的国产自动空气开关有 DZ 系列、DW 系列。

3. 组合开关的选用

组合开关又称为转换开关，主要用来作为电源的引入，所以也称为电源隔离开关。它可以直接起动小功率的三相交流异步电动机，如砂轮、台钻等设备。但使用时必须限制接通的频率，每小时不宜超过 10～20 次，否则会因为起动电流大，内部发热严重且热量不易散失，产生热量的积聚，导致绝缘受到破坏。同时，断开时，切断的是感性负载，瞬时电弧较大，也是对绝缘的一种破坏。长期通断频率过高地使用，会引起开关内部电源短路。组合开关额定电流为负载额定电流的 1.5～2.5 倍。

常用的组合开关为 HZ－10 系列。

4. 熔断器的选用

熔断器有螺旋式熔断器和插入式熔断器两大类，插入式熔断器又分瓷插式熔断器和管式熔断器两种。螺旋式熔断器用于有振动的生产机械，插入式熔断器用于比较稳定的生产机械。熔断器的选择主要是熔体额定电流，它遵循以下的经验选择方法：

(1)没有冲击电流负载的熔体电流选择。例如，照明电灯，熔体的额定电流 I_{FU} 应略大于或等于电路的工作电流，即

$$I_{FU} \geqslant I \tag{4-1}$$

式中：I_{FU} 为熔体的额定电流；I 为电路的工作电流。

(2)单相电动机负载的熔体电流选择。熔体电流选择的经验公式为

$$I_{FU} = (1.5 \sim 2.5)\,I_N \text{ 或 } I_{FU} = \frac{I_{st}}{2.5} \tag{4-2}$$

式中：I_N 为电动机的额定电流；I_{st} 为异步电动机的起动电流。

(3)多台电动机负载的熔体电流选择。因为多台电动机由一个熔断器保护，所示经验公式为

$$I_{FU} \geqslant \frac{I_m}{2.5} \tag{4-3}$$

式中：I_m 为可能出现的最大电流。

常用的熔断器有 RC1、RL1、RT0、RS0 系列。

5. 热继电器的选用

热继电器用于过载保护，如果负载为电动机时，采用的经验公式为

$$I_{FR} = (0.95 \sim 1.05)\,I_N \tag{4-4}$$

式中：I_{FR} 为热继电器的整定电流；I_N 为电动机的额定电流。

一般情况下，三相电动机绕组的阻抗是平衡的，可用两相结构的热继电器。但在电网电压不平衡、工作环境恶劣条件下工作的电动机，要选用三相结构的热继电器。三角形接法的电动机，为实现断相保护，要选用带断相保护装置的热继电器。

如遇下列情况，选择热继电器元件的整定电流要大于电动机的额定电流：

(1)电动机的负载惯性转矩大，起动时间长。

(2)电动机拖动的负载不允许任意停电。

(3)电动机拖动的负载为冲击负载,如冲床、剪床等设备。

常用的热继电器有 JR1、JR2、JR0、JR16 等系列。

6. 接触器的选用

接触器用于负载的接通与断开,有交流接触器和直流接触器,大多数的生产机械用交流接触器。

选择接触器主要考虑以下技术数据:

(1)电流的种类是交流还是直流。

(2)主触点的额定电流和额定电压。

(3)辅助触点的种类、数量及额定电流。

(4)电磁线圈电源的种类、频率和额定电压。

(5)额定的操作频率,即允许每小时接通的最多次数。

接触器的选择,最重要的是主触点额定电流的选择,它采用的经验计算公式为

$$I_{KM} \geqslant \frac{P_N \times 10^3}{KU_N} \tag{4-5}$$

式中:K 为经验常数,一般取 1 ~ 1.4,轻载起动时为 1,重载起动时为 1.4;P_N 为电动机的额定功率;U_N 为电动机的额定电压;I_{KM} 为接触器主触点的额定电流。

常用的国产接触器有 CJ10、CJR、CJ20 等系列及合资生产的西门子产品 VDE。

7. 中间继电器的选用

中间继电器主要在电路中起信号的传递与转换作用,用它可实现多路控制,并可将小功率的控制信号转换为大功率的触点动作,进而驱动大功率执行机构的工作。

中间继电器主要根据电路的电压等级、触点的数量以及是否满足控制电路的要求选用。

常用的中间继电器的型号有 JZ7、JZ8 等系列。

8. 时间继电器

时间继电器可以对电路进行时间的控制,是生产机械中常用的电气元件。按其工作原理可分为如下几种:

(1)电磁式时间继电器。它是利用电磁惯性原理制成的,特点是结构简单、寿命长、允许操作频率高,但延时时间短,一般用在直流控制电路中。

(2)空气阻尼式时间继电器。它是利用空气阻尼原理制成的,特点是延时时间可调,可调范围为 0.4 ~ 180 s,工作稳定可靠,在生产机械中普遍采用。

(3)电子式时间继电器。它是通过电子电路对电容的充放电原理制成的,特点是体积小,延时时间为 0.1 ~ 300 s。

(4)电动式时间继电器。它是利用同步电动机原理制成的。它的结构复杂、体积大,延时时间长,可从几秒到几小时,在生产机械中很少应用。

9. 控制变压器的选用

当电路的控制电器较多,电路又比较复杂时,应该采用控制变压器作为控制电路的电源,这样可提高安全可靠性。控制变压器要根据一次侧和二次侧电压的大小及变压器的容量来选择。控制变压器的容量根据下列两种情况进行计算:

(1)根据控制电路最大工作负载所需要的功率计算：

$$P_T \geqslant K_T \sum P_{XC} \tag{4-6}$$

式中：P_T 为所需变压器的容量；K_T 为变压器容量储存系数，$K_T=1.1\sim1.25$；$\sum P_{XC}$ 为控制电路最大负载时所需工作电器的总功率。

对于交流电器(交流接触器、中间继电器、交流电磁铁)，P_{XC} 应取吸持功率。

(2)变压器的容量应满足已吸合的电器在又起动吸合另一些电器时，仍处于吸持状态。计算公式为

$$P_T \geqslant 0.6\sum P_{XC} + 1.5\sum P_{st} \tag{4-7}$$

式中：P_{st} 为同时起动电器的总吸持功率。

4.3.4　电气控制电路设计实例

1.设计要求

现有三台交流异步电动机 M_1、M_2、M_3，设计电气控制系统，要求电动机 M_1 起动 10 s 后，电动机 M_2 自行起动，运行 5 s 后，M_2 停止，同时 M_3 自动起动，M_3 再运行 15 s 后，电动机全部停止。遇到紧急情况，三台电动机全部停止。三台电动机均只要求单向运转，控制电路应有必要的保护措施。

电动机的型号及技术指标：

主电动机 M_1：Y160M－4、11 kW、380 V、23 A、1460 r/min；

冷却泵电动机 M_2：JCB－22、0.15 kW、380 V、0.43 A、2790 r/min；

快速移动电动机 M_3：Y90S－4、1.1 kW、380 V、2.8 A、1400 r/min。

2.电气控制电路设计

1)主电路设计

根据电气传动的要求，3 台电动机应分别由接触器 KM_1、KM_2、KM_3 控制，如图 4.19(a)所示。

三相电源通过自动空气开关 Q 引入，并提供电动机的短路保护。电动机 M_1 的过载保护由热继电器 FR_1 实现，电动机 M_2 的过载保护由热继电器 FR_2 实现，M_2 的工作时间很短，只有 5 s，可省掉过载保护，电动机 M_3 的过载保护由热继电器 FR_3 实现。

2)控制电路设计

根据控制要求，有一个总起动按钮 SB_2 和一个总停止按钮 SB_1。

需要三只时间继电器 KT_1、KT_2、KT_3 实现延时，KT_1 定时值设为 10 s，KT_2 定时值设为 5 s。KT_3 定时值设为 15 s。控制电路如图 4.19(b)所示。

3.选择电气元件

1)自动空气开关 Q

自动空气开关 Q 用于三相电源的引入和 3 台电动机的短路保护。根据空气开关选择方法，主要选择额定电压、额定电流和允许分断的极限电流。

(1)额定电流。自动空气开关的额定电流应大于或等于负载允许的工作电流。负载(电动机 M_1、电动机 M_2、电动机 M_3 之和)长期工作的电流：M_1 为 23 A，M_2 为 0.43 A，M_3 为 2.8 A，和

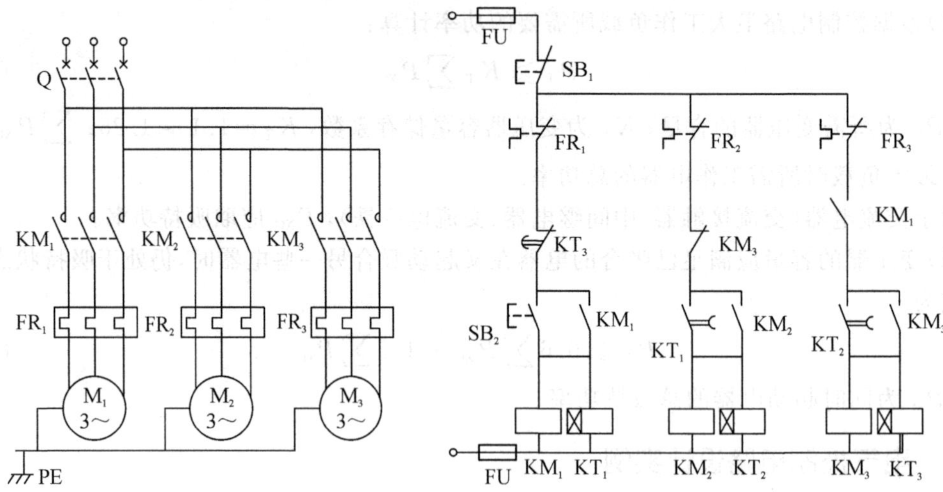

(a) 主电路　　(b) 控制电路

图 4.19　控制电路的设计

为 26.23 A。所以选额定电流等于或大于 26.23 A 的空气开关。

(2)额定电压。选额定电压 380 V 作为三相电源的引入。

(3)电磁脱扣的整定电流。电磁脱扣的整定电流可以保护电动机的短路,它的选择方法为大于负载正常工作的尖峰电流,对于电动机应为主电动机 M_1 起动电流的 1.7 倍。起动电流 $I_{st}=(5\sim7)I_N$,如果选 7 倍的话,M_1 的起动电流 $I_{st}=161$ A,所以电磁脱扣的整定电流为 161×1.7 A$=273.7$ A。可整定为 280 A。

2)热继电器 FR_1、FR_2、FR_3

电动机 M_1 的额定电流为 23.0 A,FR_1 应选用 JR16-40 型热继电器,热元件电流为 25 A,整定电流范围为 16～25 A,额定电流调整为 23.0 A。

同理 FR_2 应选用 JR16-10 型继电器,整定电流调节范围为 0.40～0.64 A,额定电流整定为 0.43 A。

同理 FR_3 应选用 JR16-20 型继电器,整定电流调节范围为 2.8～3.5 A,额定电流整定为 2.8 A。

3)熔断器 FU

FU 是对控制电路进行保护的熔断器。选用 RL1-15 型熔断器,配用最小等级的熔断体 2 A。

4)接触器 KM_1、KM_2 及 KM_3

接触器 KM_1,根据主电动机 M_1 的额定电流 $I=23.0$ A,控制回路电源 220 V,需三对主触点、两对辅助常开触点、一对辅助常闭触点,根据上述情况,选用 CJ10-40 型交流接触器,电磁线圈电压为 220 V。由于 M_2、M_3 电动机额定电流很小,KM_2、KM_3 选用 CJ10-10 型交流接触器,电磁线圈电压为 220 V。

5)时间继电器 KT_1、KT_2 及 KT_3

时间继电器接在控制回路,电压为 220 V,根据 KT_1 定时值设为 10 s,KT_2 定时值设为 5 s,KT_3 定时值设为 15 s,KT_1、KT_3 选取型号为 JS17-1 电动式时间继电器,线圈电压为 220 V,延时范围 0～40 s,KT_2 选取型号为 JS17-2 电动式时间继电器,线圈电压为 220 V,延时范围为 0～8 s。

其他元件的选择比较容易，不再重复。

4. 外购电气元件明细表

外购电气元件明细表应说明型号、规格和数量等，见表 4-1。

表 4-1　外购电气元件明细

符号	名称	型号	规格	数量
M_1	异步电动机	Y160M-4	11 kW　380 V　1460 r/min	1
M_2	异步电动机	JCB-22	0.125 kW　380 V　2790 r/min	1
M_3	异步电动机	J02-21-4	1.1 kW　380 V　1410 r/min	1
Q	自动开关	HZ10-25/23	3 极 500 V 25 A	1
KM_1	交流接触器	CJ10-40	线圈电压 220 V	1
KM_2、KM_3	交流接触器	CJ10-10	线圈电压 220 V	2
FR_1	热继电器	JR16-40	额定电流 25 A 整定电流 23 A	1
FR_2	热继电器	JR16-10	整定电流 0.43 A	1
FR_3	热继电器	JR16-20	整定电流 2.8 A	1
KT_1、KT_3	时间继电器	JS17-1	线圈电压 220 V 延时范围 0～40 s	2
KT_2	时间继电器	JS17-2	线圈电压 220 V 延时范围 0～8 s	1
FU	熔断器	RL1-15	500 V 熔体 2 A	2
SB_1	控制按钮	LA10	黑色	1
SB_2	控制按钮	LA10	红色	1

4.4　可编程控制器及其应用

可编程控制器(PLC)是以微处理器为基础，综合了计算机技术、自动控制技术和通信技术等现代科技而发展起来的一种工业自动控制装置。可编程控制器具有可靠性高、抗干扰能力强、配套齐全、功能完善、适用性强、易学易用等优点，从问世以来，一直深受工程技术人员欢迎。

4.4.1　PLC 的基本结构和工作原理

1. PLC 的基本结构及作用

PLC 种类繁多，功能和指令也不尽相同，但其结构和工作方式则大同小异，一般包括中央处理单元(central processing unit，CPU)、存储器、输入接口、输出接口、电源、编程器、I/O 扩展接口及外部设备接口，基本结构如图 4.20 所示。

1) 中央处理单元(CPU)

CPU 是可编程控制器的控制中枢，它按照系统程序赋予的功能指挥可编程控制器进行工作。

2) 存储器

可编程控制器的内部存储器用以存放系统程序、用户程序和逻辑变量及数据信息，分为程序存储器、用户程序存储器和工作数据存储器。

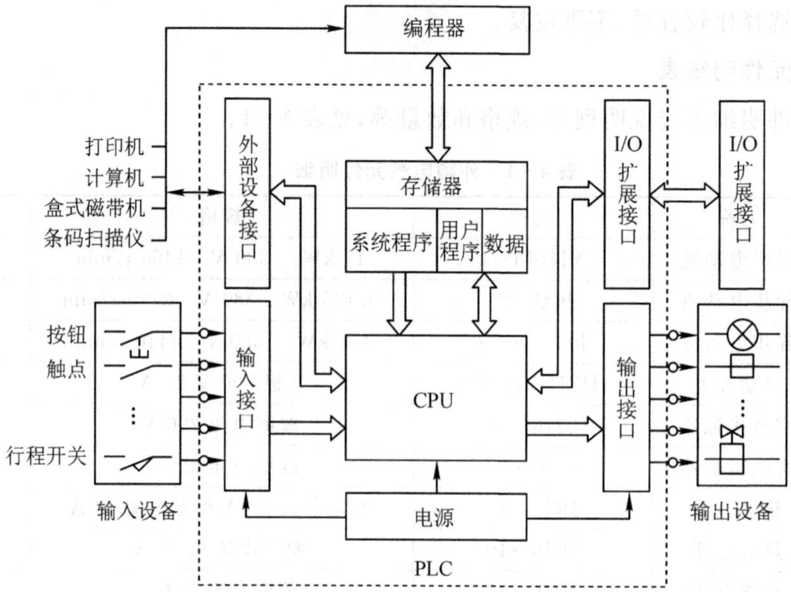

图 4.20　PLC 硬件组成框图

3)输入输出接口

输入、输出接口也称为输入、输出单元或输入、输出模块,它是 PLC 与输入、输出设备连接的部件。

4)电源

PLC 配有开关式稳压电源模块,用来将外部供电电源转换成可供 PLC 内部 CPU、存储器和 I/O 接口等电路使用的直流电源。

5)编程器

编程器是 PLC 最重要的外围设备之一,也是 PLC 不可缺少的一部分。它不仅可以写入用户程序,还可以对用户程序进行检查、修改和调试,以及在线监视 PLC 的工作状态。

6)I/O 扩展接口

I/O 扩展接口用于将扩充外部输入、输出端子数的扩展单元与基本单元(即主机)连接在一起。I/O 扩展接口有并行接口、串行接口等多种形式。

7)外部设备接口

外部设备接口是 PLC 主机实现人机对话的通道。通过该接口,PLC 可以和打印机、显示器、扫描仪等外部设备相连,也可以和其他 PLC 或上位计算机连接。

2. PLC 的工作原理

PLC 采用串行的工作方式,即“顺序扫描、不断循环”的方式进行工作。PLC 运行时,CPU 根据用户程序做周期性顺序循环扫描。在没有跳转或中断指令时,PLC 从第一条指令开始顺序执行用户程序,直到遇到程序结束符再返回第一条指令,周而复始,循环执行用户程序。当有跳转或中断指令时,允许中断正在运行的程序,处理其他任务。

如图 4.21 所示,PLC 一个循环扫描工作过程可分为三个基本阶段:输入采样、程序执行、输出刷新。

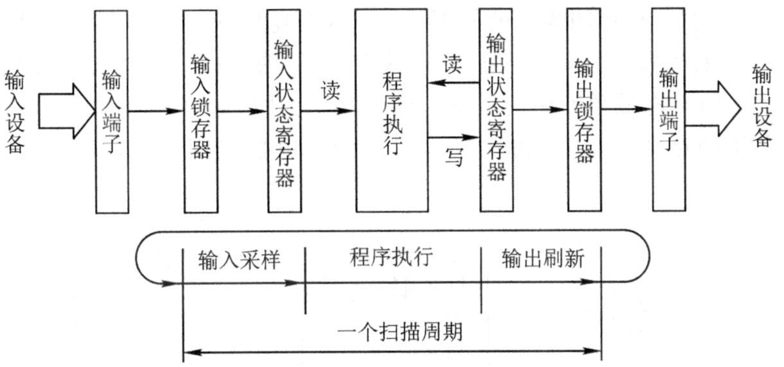

图 4.21　PLC 扫描工作过程

1)输入采样

PLC 顺序扫描每一个输入端口,将输入端口的信号状态(通断或数据)存入对应的输入状态寄存器中,即刷新寄存器中上一个扫描周期存入的输入信号,然后进入程序执行阶段。在程序执行阶段,即使输入端口的信号发生变化,输入状态寄存器中的数据也不会被刷新,只有到下一个扫描周期的输入采样阶段,变化的输入信号才会被存入输入状态寄存器。

2)程序执行

根据输入状态寄存器中存储的信号,顺序执行每一条用户程序指令,将产生的结果存入对应的输出状态寄存器,即刷新输出寄存器。

3)输出刷新

执行完所有的用户程序,输出寄存器存储的输出状态通过输出接口送入输出端,驱动外部输出设备。

4.4.2　PLC 的编程语言

PLC 作为一个工业控制计算机,采用软件编程逻辑代替传统的硬件有线逻辑实现控制。其编程语言面向被控对象、操作者,易于为熟悉继电器控制电路的广大电气技术人员所掌握,通常 PLC 的编程语言有梯形图、指令语句表、指令助记符、顺序功能图等,其中比较常用的是梯形图和指令语句表。

1. 梯形图

梯形图语言是在继电器控制的基础上演变而来的一种图形语言,它比较形象、直观,是中、小型 PLC 的主要程序语言。梯形图是借助于类似继电器的动合触点、动断触点、线圈以及串联与并联等术语和符号,根据控制要求连接而成的表示 PLC 输入和输出逻辑关系的图形。

梯形图中通常用⊣⊢和⊣/⊢图形符号分别表示 PLC 输入继电器的常开(动合)和常闭(动断)触点;用-[ ]-或-○-图形符号表示它们的“线圈”。梯形图中编程元件的种类用图形符号及标注的字母或数字加以区别。

图 4.22(a)所示为异步电机直接起动的实际继电接触器控制图,图 4.22(b)是对应的 PLC 控制的梯形图。图中 X1 和 X2 分别为 PLC 输入继电器的常闭和常开触点,它们分别对应于图 4.22(a)继电器控制的停止按钮 SB_1 和起动按钮 SB_2。Y1 表示图 4.22(a)输出继电器 KM 的线圈和常开触点。

这里需要注意的是,梯形图表示的并不是一个实际电路而只是一个控制程序,其间的连线表示的是它们之间的逻辑关系,即所谓"软接线"。梯形图中的继电器并非是物理实体,而是"软继电器",对应 PLC 存储单元中的一位。该位状态为"1"时,对应的继电器线圈接通,其常开触点闭合、常闭触点断开;状态为"0"时,对应的继电器线圈不通,其常开、常闭触点保持原态。

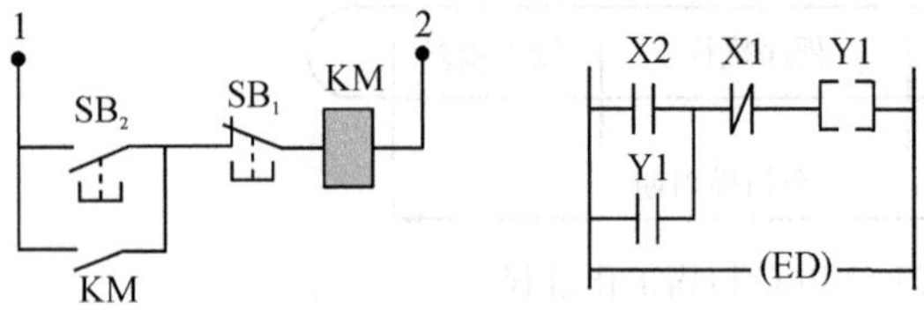

(a) 继电接触器控制图　　(b) 梯形图

地址	指令
0	ST　X2
1	OR　Y1
2	AN/　X1
3	ON　Y1
4	ED

(c) 指令语句表

图 4.22　异步电机直接起动控制

梯形图编程时的格式要求和特点如下:

(1)梯形图按自左至右、自上而下的顺序书写,CPU 也是按照此顺序执行程序。

(2)每个梯形图由多层梯级(或称逻辑行)组成,每层梯级(即逻辑行)起始于左母线,经过接点的各种连接,最后通过一个继电器线圈终止于右母线。

(3)梯形图中左右两边的竖线称为左右母线,也叫起始母线、终止母线。每一逻辑行必须从起始母线开始画起,终止于继电器线圈或终止母线(有些 PLC 终止母线可以省略)。母线表示假想的逻辑电源,当某一梯级的逻辑运算结果为"1"时,表明有"概念"电流自左向右流动,用户程序执行中满足线圈接通的条件。

(4)梯形图中某一编号的继电器线圈一般情况下只能出现一次(除了有跳转指令和步进指令等的程序段以外),而同一编号的继电器常开、常闭触点则可被无限次使用(即重复读取与该继电器对应的存储单元状态)。

(5)梯形图中每一梯级的运算结果,可立即被其后面的梯级所利用。

(6)输入继电器仅用于接收外部输入信号,它仅受外部输入信号控制,不能由各种内部其他继电器的触点来驱动。因此梯形图中只出现输入继电器的触点,而不出现其线圈。

(7)当梯形图中的输出继电器线圈接通时,就有信号输出,但由于梯形图中的输入接点和输出继电器线圈对应的是 I/O 映像寄存器相应位的状态,而不是物理触点和线圈,不能直接驱动外部设备,只能通过受控于输出继电器状态的接口元件,如继电器、晶闸管、晶体管等去驱动现场执行元件。

(8)PLC 的内部辅助继电器、定时器、计数器等的线圈不能用于输出控制。

(9)程序结束时应有结束符,用"——(ED)——"表示。

2. 指令语句表

指令语句表是一种指令助记符语言,类似于计算机的汇编语言,用一些简洁易记的文字符号表达 PLC 的各种指令。不同厂家的 PLC 产品,其语句表使用的助记符各不相同。下面简单介绍西门子公司的基本指令助记符。

1)位逻辑指令

位逻辑指令也称为触点指令,是 PLC 程序最常用的指令之一,可实现各种控制逻辑,其指令说明见表 4－2。

表 4－2　位逻辑指令

指令名称	梯形图	指令说明
常开触点	┤ ├	当位等于“1”时，常开触点接通，常闭触点断开； 当位等于“0”时，常开触点断开，常闭触点接通
常闭触点	┤/├	
常开立即触点	┤I├	当物理输入为“1”时，常开立即触点接通，常闭立即触点断开； 当物理输入为“0”时，常开立即触点断开，常闭立即触点接通。 这两个指令不受 CPU 扫描周期的限制
常闭立即触点	┤/I├	
取反触点	┤NOT├	取反触点将它左边电路的逻辑运算结果取反，逻辑运算结果为“1”则变为“0”，逻辑运算结果为“0”则变为“1”
正转换触点	┤P├	正转换触点指指令前的梯级逻辑发生正跳变（由“0”到“1”）则能流接通一个扫描周期； 负转换触点指指令前的梯级逻辑发生负跳变（由“1”到“0”）则能流接通一个扫描周期。 这两个指令没有操作数
负转换触点	┤N├	

2）输出指令

输出指令也称为线圈指令，表达逻辑梯级的结束指令。输出指令及其使用说明见表 4－3。

表 4－3　输出指令

指令名称	梯形图	指令说明
输出指令	—( )	当线圈前的逻辑运算结果为“1”，输出为“1”； 当线圈前的逻辑运算结果为“0”，输出为“0”
置位指令	—(S) N	当该指令前的梯级逻辑运算为“1”时，将从指定位地址开始连续 N 个置位； 当该指令前的梯级逻辑运算为“0”时，将从指定位地址开始连续 N 个复位
复位指令	位地址 —(R) N	
立即输出指令	位地址 —(I)	除了将梯级前的逻辑运算结果写入位地址的存储单元外，还将结果直接输出至位地址对应的物理输出点上
立即置位指令	位地址 —(SI) N	立即置位、复位指令将从指定地址开始的连续 N 个位立即置位或复位，指令执行时同时将新值写入相应的存储区和物理输出点
立即复位指令	位地址 —(RI) N	

3）定时器指令

定时器指令及其使用说明见表 4－4。

表 4-4　定时器指令

指令名称	梯形图	指令说明
通电延时定时器(TON)	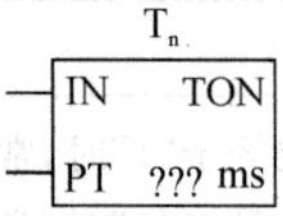	初始时定时器当前值为“0”,当指令的梯级逻辑为“1”时,定时器开始计时;当定时器当前值等于预设值时,定时器被置位
断电延时定时器(TOF)	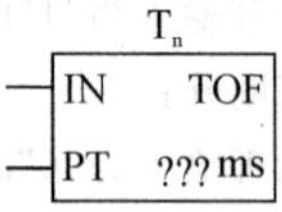	初始时定时器当前值为“0”,当指令的梯级逻辑为“1”时,定时器被置位,其常开触点闭合、常闭触点断开,同时定时器当前值清零;当梯级前的逻辑为“0”时,定时器开始计时,当计时等于预设值时,定时器复位
有记忆的通电延时定时器(TONR)	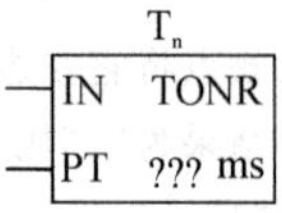	初始时,定时器当前值为 0,当指令的梯级逻辑为“1”时,定时器开始计时,当前值开始累加,当指令的梯级逻辑为“0”时,当前值保持不变。当前值等于预设值时,定时器被置位

4)计数器指令

计数器指令及其使用说明见表 4-5。

表 4-5　计数器指令

指令名称	梯形图	指令说明
加计数器(CTU)	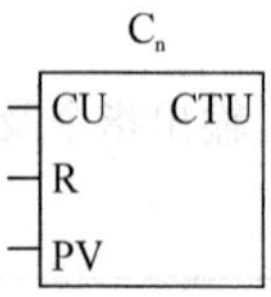	对 CD 端计数脉冲上升沿进行加计数。当计数器的当前值大于等于预设值时,计数器被置位;当复位端 R 为“1”或执行复位指令时,计数器复位;计数当前值清零,计数器被复位
减计数器(CTD)	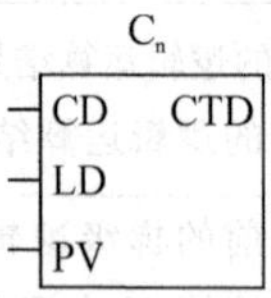	对 CD 端计数脉冲上升沿进行减计数。当复位端无效时,若检测到计数脉冲上升沿,则计数器从预设值开始进行减计数,直至减为 0;若当前值为 0,则计数器位被置位;当装载输入端 LD 为“1”时,计数器被复位,并将计数器当前值设为预设值
加减计数器(CTUD)	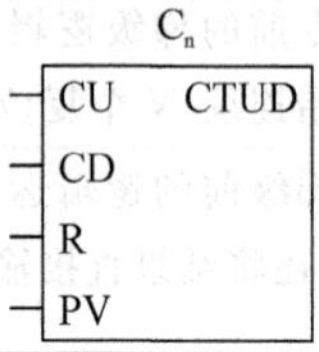	对加、减计数端(CU、CD)的输入脉冲上升沿计数。当计数器当前值大于等于预设值时,计数器被置位,否则计数器被复位;当复位端 R 为“1”或执行复位指令时,计数器被复位,当前值清零

3. PLC 的编程方法

(1)确定 I/O 设备。根据被控对象对 PLC 控制系统的功能要求,确定系统所需的用户输入、输出设备。

(2)选择合适的 PLC 类型。根据已确定的用户 I/O 设备,统计所需的输入信号和输出信号的点数,选择合适的 PLC 类型。

(3)分配 PLC 的输入输出点,编制出 I/O 分配表或者画出 I/O 端子的接线图。

(4)设计应用系统梯形图程序。根据工作功能图表或状态流程图等设计出梯形图。

(5)把梯形图转变为可编程控制器的编码。当完成梯形图以后,下一步是把它编码成可编程控制器能识别的程序。

(6)将程序输入 PLC。当使用可编程序控制器的辅助编程软件在计算机上编程时,可通过上下位机的连接电缆将程序下载到 PLC 中去。

(7)进行软件测试。因为在程序设计过程中,难免会有疏漏的地方,因此在将 PLC 连接到现场设备上去之前,必须进行软件测试,以排除程序中的错误,同时也为整体调试打好基础,缩短整体调试的周期。

(8)应用系统整体调试。在 PLC 软硬件设计和控制柜及现场施工完成后,可以进行整个系统的联机调试,调试中发现的问题要逐一排除,直至调试成功。

4. PLC 编程注意事项

(1)触点的安排:梯形图的触点应画在水平线上,不能画在垂直分支上,这些桥式梯形图无法用指令语句编程,如图 4.23(a)所示,需要改画为图 4.23(b)的形式。

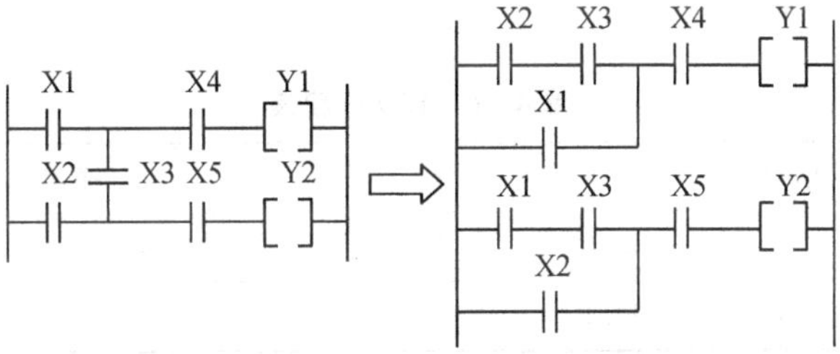

(a) 无法编程　　(b) 可编程

图 4.23　将无法编程的桥式梯形图改画

(2)梯形图的每一逻辑行(梯级)均起始于左母线,终止于右母线。元件的线圈接于右母线,一般不允许直接与左母线相连;任何触点不能放在线圈的右边与右母线相连。图 4.24(a)将触点画在线圈的右边了,需要改画成图 4.24(b)。

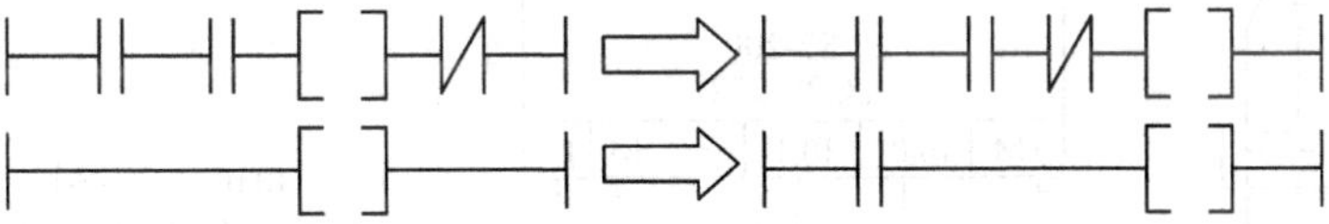

(a) 不正确　　(b) 正确

图 4.24　不正确的接线和正确的接线

(3)编制梯形图时,应尽量按照“上重下轻,左重右轻”的原则安排,以符合“从上到下,从左到右”的执行程序的顺序。图 4.25 所示为合理的和不合理的接线。

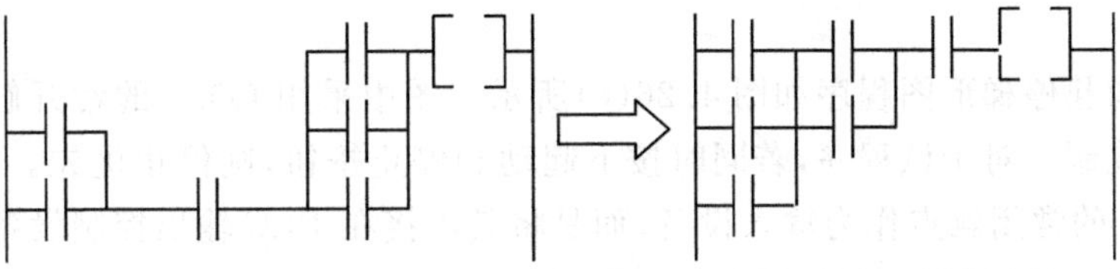

(a) 不合理　　(b) 合理

图 4.25　合理的和不合理的接线

(4)不准双线圈输出:如果在同一程序中同一元件的线圈使用两次或多次,则称为双线圈输出。这时前面的输出无效,只有最后一次才有效,所以不应出现双线圈输出。

(5)一般应避免同一继电器线圈在程序中重复输出,否则易引起误操作。

(6)编程顺序:对复杂的程序可先将程序分成几个简单的程序段,每一段从最左边触点开始,由左至右、由上至下进行编程,再把程序逐段连接起来。

4.4.3 PLC应用实例

1. 电动机单向运转起停控制

1)确定I/O分配表

电动机的起动和停止控制是最基本的、最简单的控制之一,通常采用起动按钮、停止按钮及接触器等电器进行控制。选用S7-200 PLC进行控制时,首先要确定I/O分配表,如表4-6所示。提供给PLC输入信号的有起动按钮(I0.0)和停止按钮(I0.1)两个设备,PLC输出信号(Q0.0)控制接触器KM,电动机单向运转起停的主电路和PLC接线图如图4.26(a)、(b)所示。

表4-6 I/O分配表

输入信号		输出信号	
起动按钮SB1	I0.0	接触器KM	Q0.0
停止按钮SB2	I0.1		

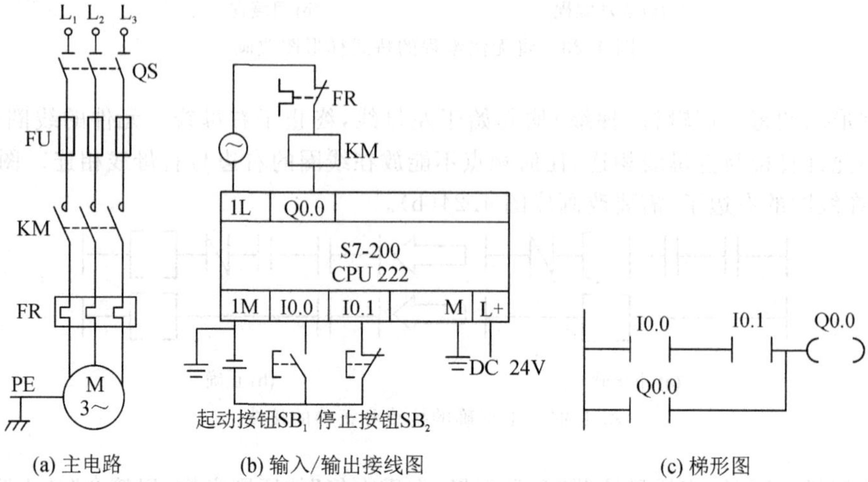

图4.26 电动机单向起停主电路及梯形图

2)梯形图

电动机单向起停梯形图程序如图4.26(c)所示。图中采用Q0.0的常开触点组成自锁回路,实现起、停控制。对于该程序,若同时按下起动和停止按钮,则停止优先。该例程中,没有将热继电器FR的常闭触点作为输入设备,而是将其串接在PLC输出控制设备接触器KM的回路中,这样不仅可以起到过载保护作用,还可以节省输入点。

2. 电动机正反转控制

1)确定 I/O 分配表

电动机的正、反转控制是常用的控制形式，输入设备设有停止按钮 SB_1、正向起动按钮 SB_2、反向起动按钮 SB_3，输出设备设有正、反转接触器 KM_1、KM_2。I/O 分配表见表 4-7，I/O 接线图如图 4.27 所示。

表 4-7　I/O 分配表

输入信号		输出信号	
停止按钮 SB_1	I0.0	正转接触器 KM_1	Q0.1
正向起动按钮 SB_2	I0.1	反转接触器 KM_2	Q0.2
反向起动按钮 SB_3	I0.2		

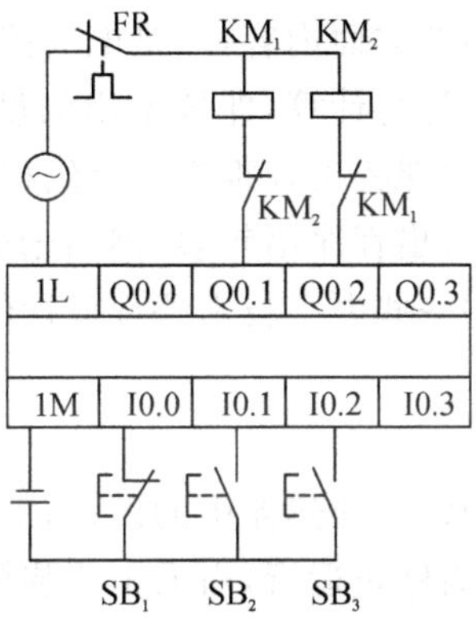

图 4.27　电动机正反转 I/O 接线图

2)梯形图

控制主电路如图 4.28 所示，梯形图程序如图 4.29 所示。自锁和互锁触点是 PLC 内部的“软”触点，不占用 I/O 点。外部还应接入“硬”互锁触点 KM_1 和 KM_2，以确保正转和反转接触器不会同时接通，避免电源短路。

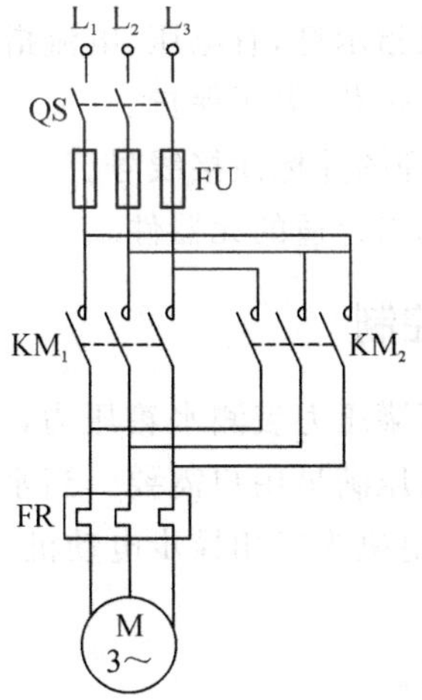

图 4.28　电动机正反转主电路

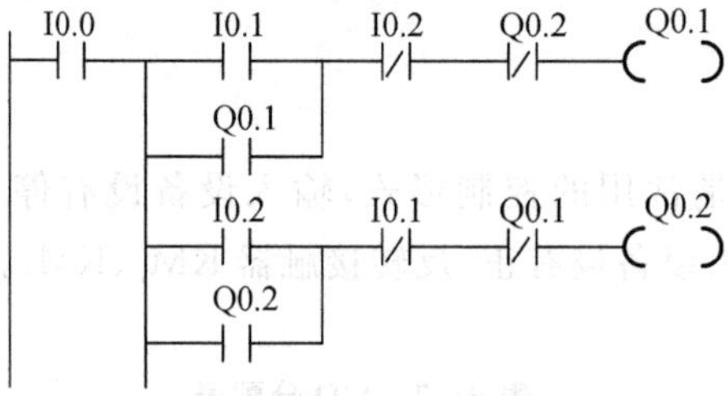

图 4.29　电动机正反转梯形图程序

4.5　电工技术课程设计题目选编

电工技术课程设计的题目包括两方面内容,一是电气控制线路的设计与计算,二是可编程控制器的应用。电气控制线路的设计与计算,即按给出的设计要求,设计出电气控制原理图,并计算选出合适的参数,按要求写出课程设计报告。可编程控制器的应用,即按给出的控制要求设计出可编程控制器的梯形图,写出程序语句表,然后通过计算机编程,有条件可以用通用实验箱连线做仿真实验。本节列举一些电工技术课程设计的题目如下。

4.5.1　锅炉上煤自动控制

锅炉上煤机是专门将煤运送到锅炉加热器中的设备,工作过程如下:下煤时,空煤斗下降,到达预定位置,煤斗压迫行程开关而停止运行,由人工或装煤机械装煤,装煤完成后等待上煤。上煤时,煤斗上升,到达预定位置自动停止运行,煤斗通过机械作用自动翻斗,将煤卸入锅炉加热器中。驱动电机为三相异步电动机,功率为 4 kW。对控制电路的设计要求如下:

(1)手动上煤和下煤,到达预定位置自动停止运行。

(2)下煤停止时要求制动停止,减轻下煤行程开关的冲击力。

(3)上煤途中煤斗始终压迫下煤行程开关,一旦离开立即自动停止,当煤斗途中翻倒时,能及时降下煤斗检修。

(4)有电源指示灯和上煤、下煤指示灯,有电压、电流指示。

(5)有总停控制和必要的短路、过载、失压保护。

(6)设计锅炉上煤机的电气原理图并标注接线号。

(7)进行电路参数分析计算,选出合适的元器件。

4.5.2　全自动增压给水设备控制

全自动增压给水设备通过水压罐压力表测水箱压力,当水压不足时,自动向水箱加水;当水压足够时,自动停止加水,确保水压满足用户需要。当水泵起动加水一段时间后,水压仍不正常,则发出故障报警信号。水泵电机为三相异步电动机,功率为 11 kW。对控制电路的设计要求如下:

(1)全压直接起动,单方向旋转。

(2)水压罐压力表为具有上、下限的电接点压力表。

(3)水压不足时,自动加水,水压达到要求后,自动停止加水;加水 3 min 后,水压仍未达到要求，点亮故障报警指示灯。

(4)水压上下限均有指示显示，加水时水泵运行指示显示，有电源电压、电流指示。

(5)有自动和手动两种控制方式。

(6)有总停控制和必要的短路、过载、失压保护。

(7)设计全自动增压给水设备控制电气原理图并标注接线号。

(8)进行电路参数分析计算，选出合适的元器件。

4.5.3　C630 普通车床控制改进

普通车床是一种极为广泛的金属切削机床，C630 普通车床起动后，由操作手柄控制主轴的起动、停止、旋转方向，由变速箱控制主轴转速。电动机 M_1 拖动主轴旋转，并通过进给机构实现进给运动，电动机 M_2 拖动冷却泵供给冷却液。对控制电路的设计要求如下：

(1)电动机 M_1 直接起动、能耗制动。电动机只有一个转向(正转)，反转由机械的换向机构来实现。电动机 M_1 应具有点动功能。

(2)电动机 M_2 必须在主轴电动机起动后方可起动，电动机 M_2 为直接起动，自由停止。

(3)有可靠的短路保护和过载保护。

(4)有电源指示、主电机指示灯、冷却泵指示等，有电源电压表、电流表，便于及时发现设备故障。

(5)设计机床的电气原理图并标注接线号。

(6)进行电路参数分析计算，选出合适的元器件。

4.5.4　通风机监控系统

某喷漆车间生产线，在运行时要有送风系统，通过风力把喷到零件表面上的漆雾从空中或压入循环流动的水中而带走。此送风系统由 3 台电动机控制，每台电动机功率均为 10 kW，可单独工作也可同时工作。对控制电路的设计要求如下：

(1)每台电机应有相应的保护措施和总停控制。

(2)电动机工作时要求有运行指示。若只有 1 台电机运行，绿灯亮；若有 2 台电机运行，黄灯亮。

(3)若 3 台同时运行，白灯亮；若 3 台电机均不工作，则红灯以亮 1 s 停 2 s 的方式不停地闪烁。

(4)有电源指示，电流指示及电压指示。

(5)设计通风机监控系统控制电气原理图并标注接线号。

(6)进行电路参数分析计算，选出合适的元器件。

4.5.5　起重机的起动、制动电路设计

起重机、卷扬机等重型生产机械一般用绕线式电动机来带动，这种电动机在转子电路中接入大小适宜的电阻不仅可以提高起动转矩，还可减小转子的起动电流，随着电动机转速的升高逐级切除转子所串的电阻。所以绕线式电动机起动时转子一定串入电阻，不可直接起动。在制动时，一般采用电磁抱闸将转子抱紧的方法实现。电动机的性能指标见表 4-8。

表4-8 Y255M-4电动机的性能指标

参数	指标	参数	指标
额定功率 P_N/kW	45	$\cos\varphi$	0.88
额定电压 U_N/V	380	I_{st}/I_N	7
额定电流 I_N/A	84.2	T_{st}/T_N	1.9
额定转数 n_N/(r·min^{-1})	1470	T_{max}/T_N	2.2
效率 η/%	92.3		

对控制电路的设计要求如下:

(1)该吊钩电动机为两级转子串电阻起动。两级电阻分别为 R_1 和 R_2,起动时转子电路将串入电阻 R_1 和 R_2。

(2)经延时,将 R_1 短接,再经延时,将 R_2 短接。

(3)天车的行走由另一台电动机拖动,电动机正转时向右运动,电动机反转时向左运动。

(4)左右运动要有可靠的互锁,避免电源相间短路。

(5)左右两极限位置要有可靠的限位保护,除电器的保护外,还应有机械的限位保护。

(6)电路要有可靠的短路和过载保护。

(7)设计该天车的电气原理图并标注接线号。

(8)说明吊钩电动机在下降重物时,电动机的转速为什么不会升高,致使下降重物的速度加快?

(9)求出吊钩电动机和行走电动机的额定转差率 S_N、起动电流 I_{st}、额定转矩 T_N、起动转矩 T_{st}、最大转矩 T_{max} 和额定的输入功率 P_1。

(10)按吊钩电动机每天工作4 h,行走电机每天工作2 h计算,计算1个月消费的电能及应支出的电费(电费按每度0.5元计算)。

4.5.6 电动机的顺序起动、统一停止电路设计

某生产机械有3台发动机,一台是主轴电动机,一台是进给电动机,另一台为冷却泵电动机。主轴电动机为直接起动、能耗制动。进给电动机和冷却泵电动机均为直接起动、自由停车。电动机的性能指标见表4-9。

表4-9 电动机的性能指标

参数	指标		
	主轴电动机	进给电动机	冷却泵电动机
型号	Y255M-4	Y10012-4	Y801-2
额定功率 P_N/kW	50	4	1.2
额定电压 U_N/V	380	380	380
额定电流 I_N/A	93.5	9.2	2.78
额定转数 n_N/(r·min^{-1})	1480	1430	2830
效率 η/%	92.3	82.5	77

续表

参数	指标		
	主轴电动机	进给电动机	冷却泵电动机
$\cos\varphi$	0.88	0.80	0.85
I_{st}/I_N	7.0	7.0	7.0
T_{st}/T_N	1.9	2.0	2.0
T_{max}/T_N	2.2	2.2	2.2

对控制电路的设计要求如下：

(1)主轴电动机为直接起动。自由停止，它能正、反转，且正、反转都可以点动。

(2)进给电动机也为直接起动、自由停止，它也可以正、反转，但不需要点动。

(3)进给电动机必须在主轴电动机工作后方可起动，以避免主轴电动机未工作时，主轴上安装的刀具没有切削力被工件损毁。

(4)进给电动机正转拖动工作台向前运动，反转时拖动工作台向后运动，前后运动的自动转变靠安装在床鞍上的行程开关与工作台上的挡铁相互作用来实现。

(5)冷却泵电动机为直接起动、自由停止。它也必须在主轴电动机起动后方可起动，因为主轴不工作时冷却没有意义。

(6)设有信号显示，显示的信号为电源接通、进给电动机工作。

(7)安装一盏 36 V 的照明灯。

(8)控制电路为 380 V 供电，信号电路为 220 V 供电，照明电路为 36 V 供电。

(9)主电路和控制、信号照明电路要有可靠的短路保护，主轴电动机和进给电动机要设有过载保护。

(10)设计该机床的电气原理图并标注接线号。

(11)编制电气元件目录表，写明序号、名称、型号、文字符号、用途、数量。

(12)计算生产机械的 3 台电动机均满负荷工作后的线电流；计算主电动机三相阻抗；计算主电动机的额定转矩 T_N。

4.5.7　三相异步电动机的星-三角形起动电路设计

某生产机械有 2 台电动机，即主轴电动机和进给电动机。主轴电动机起动时接成星形，每项绕组承受 220 V 电压，经延时将绕组接成三角形，每项绕组承受 380 V 电压，其性能指标见表 4-10。

表 4-10　电动机的性能指标

参数	指标	
	主轴电动机	进给电动机
型号	Y132M-4	Y90L-4
额定功率 P_N/kW	7.5	1.5
额定电压 U_N/V	380	380

续表

参数	指标	
	主轴电动机	进给电动机
额定电流 I_N/A	15.4	3.65
额定转数 n_N/($r \cdot min^{-1}$)	1440	1400
效率 η/%	87	79
$\cos\varphi$	0.85	0.79
I_{st}/I_N	7.0	6.5
T_{st}/T_N	2.2	2.2
T_{max}/T_N	2.2	2.2

对控制电路的要求设计如下:

(1)主轴电动机起动时绕组接成星形起动,经延时将绕组接成三角形。

(2)主电动机起动后方可起动进给电动机,进给电动机可以正、反转。

(3)主轴电动机为反接制动。

(4)工作台移动方向的改变靠挡铁装行程开关实现,在工作台极限位置要有极限位置保护,避免发生事故。

(5)进给电动机的正转或反转要有可靠的按钮互锁和触点互锁。

(6)进给电动机为直接起动、自由停止。

(7)安装一盏36 V照明灯。

(8)电路中要有完备的短路和过载保护。

(9)设计该机床的电气原理图并标注接线号。

(10)编制电器元件目录表,写明序号、名称、型号、文字符号、用途、主要技术参数、数量。

(11)计算2台电动机都工作时的电网上的线电流 I_L;不考虑机械传动的损耗情况下,电源的输入功率是多少?主轴电动机可提供的额定转矩是多少?

4.5.8 铣床的电气控制电路设计与计算

某台铣床有3台电动机,即主轴电动机、进给电动机和冷却泵电动机,其性能指标见表4-11。

表4-11 电动机的性能指标

参数	指标		
	主轴电动机	进给电动机	冷却泵电动机
型号	Y160M-4	Y90L-4	Y801-2
额定功率 P_N/kW	11	1.5	0.75
额定电压 U_N/V	380	380	380
额定电流 I_N/A	22.6	3.65	2.52
额定转数 n_N/($r \cdot min^{-1}$)	1460	1400	2830

续表

参数	指标		
	主轴电动机	进给电动机	冷却泵电动机
效率 η/%	88	79	77
$\cos\varphi$	0.84	0.79	0.86
I_{st}/I_N	7.0	6.5	7.0
T_{st}/T_N	2.2	2.2	2.2
T_{max}/T_N	2.2	2.2	2.2

对控制电路的设计要求如下：

(1)主轴电动机是铣床提供铣削加工的动力，有顺铣和逆铣两种，但常用的为顺铣，即要求电动机正转。为了加工前对刀的需要，主轴电动机应具有点动功能。

(2)主轴电动机采用能耗制动的方法以保证制动的平稳和停止准确。

(3)工作台进给电动机拖动工作台左右运动，要求该电动机能正、反转。

(4)进给电动机只有在主轴电动机起动后方可起动，这样可以避免刀具的损坏，制动采取自由停车的方式。

(5)冷却泵电动机为直接起动、自由停止，但它必须在主轴电动机工作后方可起动。

(6)3 台电动机要有可靠的过载保护，主电路和控制电路都要有短路保护。

(7)为了对加工零件进行观察，要安装一盏 36 V 的照明灯。

(8)主电路为 380 V 供电，控制电路也为 380 V 供电，照明灯为 36 V 供电，电源指示灯为 220 V 供电。

(9)设计铣床的电气原理图，并标有接线号。

(10)编制电气元件目录表，写明序号、名称、型号、文字符号、数量、用途及主要技术参数。

(11)计算：①计算主轴电动机的绕组阻抗，并画出电压、电流的相量图。②若将主电动机的功率因数 $\cos\varphi$ 提高到 0.95，需在两机的每相绕组上并联多大的电容？

4.5.9　2 台电动机顺序起停的可编程控制器电路设计

有两台电动机 M_1 和 M_2 相互协调运转，对电动机控制电路的设计要求如下：

(1)两台电动机 M_1 和 M_2 运行相反，M_1 停止 M_2 运行，M_1 运行 M_2 停止。

(2)M_1 运转 10 s，停止 5 s；M_2 要求与 M_1 相反。

(3)循环往返 3 次，M_1 和 M_2 均停止。

(4)设计用可编程控制器控制的外部接线图。

(5)编制梯形图和指令语句表。

4.5.10　运料小车的可编程控制器电路设计

某自动生产线上运料小车由一台三相异步电动机拖动。电动机正转，小车右行；电机反转，小车左行。在生产线上有 5 个编码为 1～5 的站点供小车停靠，在每一个停靠站安装一个行程开关以监测小车是否到达该站点。对小车的控制除了起动按钮和停止按钮之外,还设有5个呼叫开关分别与5个停靠点相对应。设计要求如下:

(1)按下起动按钮,系统开始工作,按下停止按钮,系统停止工作。

(2)当小车当前所处停靠站的编码小于呼叫按钮 HJ 的编码时,小车向右运行,运行到呼叫按钮 HJ 所对应的停靠站时停止。

(3)当小车当前所处停靠站的编码大于呼叫按钮 HJ 的编码时,小车向左运行,运行到呼叫按钮 HJ 所对应的停靠站时停止。

(4)当小车当前所处停靠站的编码等于呼叫按钮 HJ 的编码时,小车保持不动。

(5)呼叫按钮开关 HJ_1~HJ_5 应具有互锁功能,先按下者优先。

(6)设计用可编程控制器控制的外部接线图。

(7)编制梯形图和指令语句表。

4.5.11 6组抢答器的可编程控制器电路设计

抢答器是各种竞赛活动中不可缺少的设备,目前市场上已有各种各样的智力竞赛抢答器。设计一6组抢答器,设计要求如下:

(1)抢答器同时供5~6名选手或6个代表队比赛,分别用6个按钮 SB_1~SB_6 表示。

(2)设置一个系统复位和抢答开始控制开关 S_0 和 S_7,该开关由主持人控制。

(3)抢答器具有锁存与显示功能。选手按动按钮,锁存相应的编号,并在LED数码管上显示,同时扬声器发出报警声响提示。选手抢答实行优先锁存,优先抢答选手的编号一直保持到主持人将系统清除为止。

(4)抢答器具有定时抢答功能,且一次抢答的时间由主持人设定(如30 s)。当主持人起动"开始"键,定时器进行减计,扬声器发出短暂的声响,声响持续的时间为0.5 s左右。

(5)参赛选手在设定的时间内进行抢答,抢答有效,定时器停止工作,显示器上显示选手的编号和抢答的时间,并保持到主持人将系统清除为止。

(6)如果定时时间已到,无人抢答,本次抢答无效,系统报警并禁止抢答,定时显示器上显示"00"。

(7)设计用可编程控制器控制的外部接线图。

(8)编制梯形图和指令语句表。

4.5.12 全自动洗衣机的可编程控制器电路设计

设计全自动洗衣机运行的控制电路,具有自动进水、洗剂、脱水等功能。设计要求如下:

(1)按下起动按钮及水位选择开关,开始进水直到高(中、低)水位,关水。

(2)2 s后开始洗涤。

(3)洗涤时,正转30 s,停2 s,然后反转30 s,停2 s。

(4)如此循环5次,总共320 s后开始排水,排空后脱水30 s。

(5)清洗完成,报警3 s并自动停机。

(6)若按下停止按钮,可手动排水(不脱水)和手动脱水(不计数)。

(7)设计用可编程控制器控制的外部接线图。

(8)编制梯形图和指令语句表。

4.5.13　彩灯循环控制的可编程控制器电路设计

彩灯循环控制是一种能够使彩灯按照设定模式进行闪烁的电路,这种技术在节日、庆典、广告等场合中得到广泛应用,具有很好的视觉效果和实际应用价值。设计 3 组彩灯的循环点亮控制电路。设计要求如下:

(1)按起动按钮后,3 个指示灯依次亮 1 s,并不断循环,按停止按钮后,指示灯停止工作。

(2)第一个指示灯亮 10 s 后,第二个指示灯再亮;第二个指示灯亮 10 s 后,第三个指示灯再亮;三个指示灯同时亮 10 s 后,全部熄灭;10 s 后,再开始循环工作。

(3)按停止按钮后,指示灯全部熄灭。

(4)设计用可编程控制器控制的外部接线图。

(5)编制梯形图和指令语句表。

4.5.14　水塔水位控制的可编程控制器电路设计

水位控制在日常生活中的应用也相当广泛,如水塔、地下水、水电站等的水位控制。设计一个水塔水位控制电路。设计要求如下:

(1)初始状态,水箱没有水,液位开关 S_4 断开。4 个液位开关,S_1 控制最高液面。

(2)控制系统通电后,按起动按钮,电动阀 Y 通电,水箱开始注水:当水箱水位到达 S_4 高度后,液位开关 S_4 关闭,当液位到达 S_3 高度(水满)时,液位开关 S_3 闭合,注水电动阀 Y 断电,水箱停止注水。

(3)随着水塔水泵抽水过程的进行,水箱液面逐渐降低,液位开关 S_3 复位,随着抽水过程的继续进行,水箱液面继续降低,当液面低于开关 S_4 时,液位开关 S_4 复位,电动阀 Y 再次通电,水箱(自动)注水,当液位达到 S_3 时再次停止注水,如此循环,使水箱水位保持在 $S_3 \sim S_4$。

(4)当水箱水位高于 S_4 液位,并且水塔水位低于最低允许液面开关 S_2 时,水泵电动机 M 开始运行,向水塔抽水;当液面达到最高液位开关 S_1 时,水塔电动机 M 停止抽水,此循环控制使得水塔自动保持在 $S_1 \sim S_2$。

(5)设计用可编程控制器控制的外部接线图。

(6)编制梯形图和指令语句表。

4.5.15　三相异步电动机反接制动的可编程控制器电路设计

图 4.30 是三相异步电动机反接制动的继电接触器控制电气原理图。

按下按钮 SB_2,KM_1 线圈通电,电动机直接起动,进入工作状态。假设电动机此时为正转,由于速度继电器与电动机的转子轴或生产机械的某根主轴是同轴连接,此时速度继电器 BV 常开触点已经闭合,为 KM_2 线圈通电的反接制动做好准备。

当要制动时,按下停止按钮 SB_1,它的常闭触点断开了 KM_1 线圈的通电回路,它的常开触点接通了 KM_2 线圈的通电回路,电动机定子绕组的三相电源两相对调,产生反方向的旋转磁场。转子由工作时的正转转速迅速下降,当降至速度继电器的复位转速时,BV的常开触点打开,使KM_2线圈断电,反接制动结束。对控制电路的设计要求如下:

(1)根据继电接触器的电气原理图,设计出用可编程控制器控制的外部接线图。

(2)编制梯形图和指令语句表。

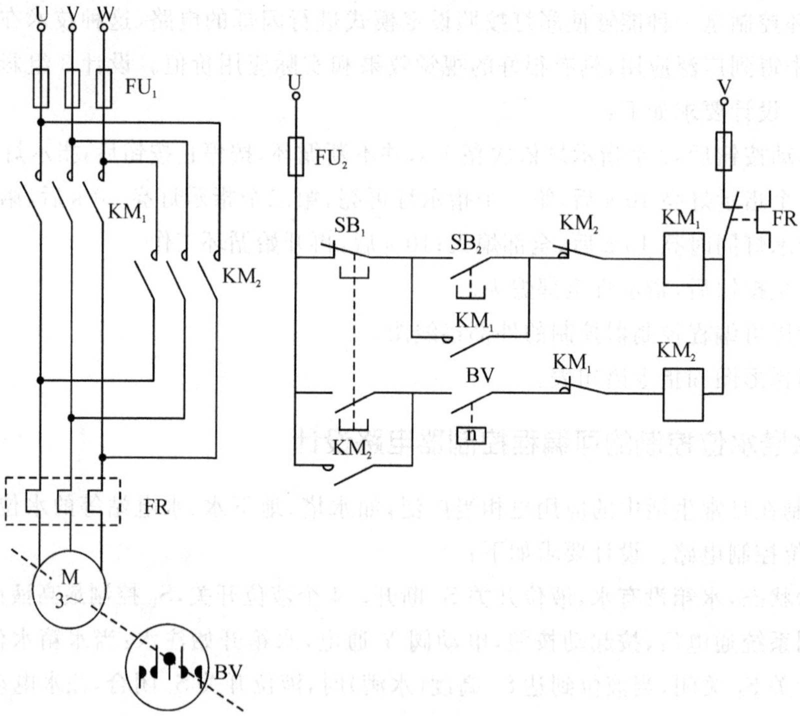

图4.30 反接制动控制电路电气原理图

第5章　模拟电子技术课程设计

电子技术按照所处理信号的不同，可以分为模拟电子技术和数字电子技术。模拟电子技术的输入与输出信号是模拟信号，其主要功能是对模拟信号进行检测、处理、变换或产生。模拟信号的特点是在时间和幅度上都是连续的，在一定的动态范围内可以任意取值。

5.1　模拟电路设计的基本方法

5.1.1　模拟电路设计的基本要求

模拟电路课程设计是在学生学习完模拟电子技术课程的基本理论知识，完成课程实验后，开展的一项综合实践训练。该教学环节主要培养学生灵活运用理论知识，理论联系实际进行相关课题的设计、安装与调试。通过模拟电路课程设计，学生应达到以下基本要求：

(1)综合运用模拟电子技术课程所学到的基本知识、基本技能，结合课程设计的要求，独立完成一个课题的理论设计。

(2)通过查阅电子元器件手册等参考文献资料，熟悉元器件的性能及参数，能选择正确的元器件。

(3)学会运用 Multisim 仿真软件对电路进行仿真。

(4)掌握电子电路的安装与调试，学会运用电子仪器对线路进行测试与分析，解决调试过程中所遇到的问题。

(5)学会撰写课程设计报告。

5.1.2　模拟电路的设计方法

模拟电子技术课程设计一般包括课题选择、方案设计、电路组装与调试、撰写课程设计报告等环节。在选择设计课题后，首先应明确设计任务，选择设计方案，画出系统框图，设计单元电路，选择元器件，计算参数，绘制总体电路图，最后进行电路的安装与调试。具体设计流程如图 5.1 所示。

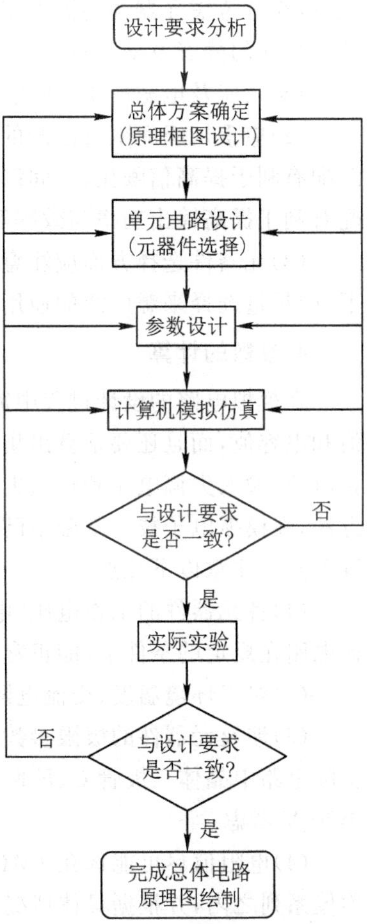

图 5.1　模拟电路设计流程图

1. 明确设计任务及要求

根据设计任务及要求，分析模拟电路的输入信号和输出信号，将每一个输入信号的波形和幅度、频率等参数以及输出的要求都准确地弄清楚，从而明确系统的功能和各项性能指标，如增益、频带宽度、信噪比、失真度等，作为设计的基本要求，并由此选择系统的方案。

2. 选择设计总体方案

在考虑总体方案时,应特别注意方案的可行性,设计者在这方面应有足够的知识和经验,对方案进行充分的论证。此外,对模拟电路的设计还应重视技术指标的精度和稳定性、调试的方便性,应尽量设法减少调试工作。这些要求不能都放到设计模块时去讨论,必须从确定总体方案时就加以考虑。

在总体方案设计完成后,应做出电子系统的框图。应将某些技术指标在各级框中进行合理的分配,这些指标包括增益、噪声、非线性等。将指标分配到各模块以后,就对各模块提出了定量的要求,这样有效地提高了设计的效率。

3. 单元电路的设计

根据系统的指标和要求,将系统分成几个部分,由相应的单元电路组成。每个单元电路设计前,都应明确各部分的任务及功能,拟定单元电路的性能指标、前后级的连接形式、电路的具体组成形式。在具体设计时可借鉴模拟电子技术课程相关的成熟电路,在此基础上加以改进和创新,要求单元电路本身设计要合理,级与级之间要相互配合。

选择单元电路的具体电路,应考虑以下问题:

(1)单元电路的设计不仅应满足一般的功能和指标要求,还应注意技术指标的精度及稳定性,应充分考虑元器件的温度特性、电源电压波动、负载变化及干扰等因素的影响。要注意各功能单元的静态及动态指标的稳定性,更要注意组成系统后各单元之间的耦合形式、反馈类型、负载效应及电源内阻、地线电阻等对系统指标的影响。

(2)应重视级间阻抗匹配的问题。例如,一个多级放大器,其输入级与信号源之间的阻抗匹配有利于提高信噪比;中间级之间的阻抗匹配有利于提高开环增益;输出与负载之间阻抗匹配有利于提高输出功率与效率等。

(3)元器件选择方面应注意参数的分散性及其温度的影响。在满足设计指标要求的前提下,应尽量选择来源广泛的通用型元器件。

4. 参数的计算

在模拟电路的设计过程中需要计算一些参数,例如,在设计积分电路时,不仅要求出电阻值和电容值,而且还要估算出集成运放的开环电压放大倍数、差模输入电阻、转换速率、输入偏置电流、输入失调电压和输入失调电流及温漂等,根据计算结果选择元器件。计算参数的具体方法,在模拟电子技术基础中已经学过,搞清电路原理,灵活运用计算公式。对于一般情况,计算参数应注意以下几点:

(1)各元器件的工作电压、电流、频率和功耗等应在允许的范围内,并留有适当裕量,以保证电路在规定的条件下,能正常工作,达到所要求的性能指标。

(2)对于环境温度、交流电网电压等工作条件,计算参数时应按最不利的情况考虑。

(3)涉及元器件的极限参数时,必须留有足够的裕量,一般按 1.5 倍左右考虑。例如,如果实际电路中晶体三极管 C、E 两端的电压 U_{CE} 最大值为 20 V,挑选晶体三极管时应按 $U_{(BR)CEO} \geqslant 30$ V 考虑。

(4)电阻值尽可能选在 1MΩ 范围内,最大一般不应超过 10 MΩ,其数值应在常用电阻标称值系列之内,并根据具体情况正确选择电阻的品种。

(5)非电解电容可能在 100 pF~0.1 μF 范围内选择,其数值应在常用电容器标称值系列之内，并根据具体情况正确选择电容的品种。

(6)在保证电路性能的前提下，尽可能设法降低成本，减少器件品种，减小元器件的功耗和体积，为安装调试创造有利条件。

(7)应把计算确定的各参数值标在电路图的恰当位置。

由于模拟电子系统在相当程度上是依赖参数之间的配合，而每一步设计的结果又总会有一定的误差，整个系统的误差是各部分误差的综合结果，就有可能使系统误差超出指标要求。完成前一步设计后，有必要重新核算一次系统的参数，看它是否满足指标要求，并有一定余地。

5. 计算机模拟仿真

随着计算机技术的飞速发展，电子系统的设计方法也发生了很大的变化。目前，电子设计自动化技术已成为现代电子系统设计的必要手段。在计算机工作平台上，利用电子设计自动化软件，可以对各种电路进行仿真、测试、修改，大大提高了电子设计的效率和准确度，同时节约了设计费用。目前电子线路辅助分析设计的常见软件有 Multisim[或 EWB(Electronics Workbench EDA，电子工作平台)]、PSPICE(Simnulation Program with Integrated Circuit Emphasis，通用电路分析程序)、SystemView 等。

在系统设计阶段以及单元电路设计阶段，可以使用 Multisim(或 EWB)、PSPICE 等软件进行仿真。模拟电路的模拟结果与其器件参数关系甚大。这是因为电路中使用的模拟器件本身参数的离散性非常大，而实际使用的物理器件的参数又常常与模拟时所使用的标准器件参数相差甚远，因而模拟结果与实际制作的结果常会有较大差异，但作为对设计方案的探讨，一般还是有参考价值的。

6. 实验的验证

对计算机模拟正确的电路，还要进行实验验证。通过实验可以发现问题，解决问题。若性能指标达不到要求，应该深入分析问题出在哪些元件或单元电路上，再对它们重新设计和选择，直到完全满足性能指标为止。

7. 总体电路的绘制

总体电路图包括电路原理图和安装图，是在原理框图、单元电路、参数计算和元器件的基础上绘制的，它是安装、调试、印制电路板设计和维修的依据。绘制电路图可以采用 Protel 等专业绘图工具来进行，要求图形符号标准、元件布局合理、排列均匀、图面清晰。

8. 电路的安装

完成以上工作后，便可进行电路的安装。电路的安装应根据设计要求来进行。对小功率电路，可采用在实验面包板上插接元件来进行，这种方法便于调试，并且可提高电路器件的重复利用率。如果要做成成品，就应采用焊接的方法将元器件安装在设计好的印制电路板上，这种方法可提高学生的焊接技术，调试时稳定性好。焊接时应做到焊接点光滑、饱满，不能有虚焊、假焊的现象，元器件布局应合理，布线应短且规范。

9. 电路的调试

电路组装好后，应通过对电路的测试和调试，来发现和纠正设计方案的不足和安装的不合理，并采取措施加以改进，使装置达到预定的技术指标要求。同时也要求学生掌握常见电子测量仪器的使用方法。模拟电子技术课程设计所需要的常见电子测量仪器有万用表、直流稳压电源、低频信号发生器、高频信号发生器、双踪示波器等。

(1)调试前的直观检查。在电路安装完以后,应认真检查电路中各器件有无接错、漏接、接触不良和输出端有没有短路等,确认没有错误后接通电源。

(2)通电观察。在调试前进行直观检查后,将电源接入电路,通电试机,观察有无异常现象,有无冒烟、异常气味,元器件是否发烫等现象。如果出现异常现象,应立即切断电源,查出故障原因。

(3)静态调试。静态是指电路在没有加信号时的状态,主要测试电路的静态工作参数。例如,晶体管放大电路静态工作点的测试,输入信号为零时,输出是否接近零,调零电路是否起作用等。

(4)动态调试。电路在输入端接入适当频率和幅度的信号,用示波器观察输出波形的调试。通过动态调试来检查各项指标是否满足设计要求。若没有达到设计波形,应反复调节电路的参数值,直至出现正确波形。

5.2 常用模拟电路设计

模拟电路是对模拟信号进行传输、变换、处理、放大、测量的电子电路。模拟信号是指连续变化的信号,可以是电压、电流,也可以是温度、位移、速度等物理量。大自然中的多数信号都具有模拟信号的特质,能用连续变化的物理量来表示。处理模拟信号的模拟电路在生活中无处不在,是电子技术的基础。下面将对模拟电路常见的电路设计进行介绍。

5.2.1 放大电路的设计

放大电路可将微弱的电信号进行处理放大变成幅度较大的信号。放大的前提是不失真,因为只有在不失真的情况下放大才有意义。双极型晶体管和场效应是放大电路的核心元件,当它们工作在合适的区域内,才能使输出量与输入量始终保持线性关系。线性放大意味着放大电路的输出信号等于输入信号乘以一个常数,即输出信号与输入信号成正比。对于双极型晶体管构成的基本放大电路,如果静态工作点不合适,输出波形会产生非线性失真,包括饱和失真和截止失真,形成非正常放大。设计放大电路时必须遵循以下原则:

(1)双极型晶体管必须工作在放大区。对于由双极型晶体管构成的放大电路,直流电源的极性和大小应使双极型晶体管的发射结处于正向偏置、集电结处于反向偏置的状态,以保证双极型晶体管工作在放大状态。

(2)正确设置静态工作点,保证放大信号不失真。电阻取值要得当,保证和电源搭配后使双极型晶体管具有合适的静态工作电流。

(3)合理设置信号通路(包括输入回路和输出回路的设置)。电路设置要求输入信号能有效地传输到输出回路。

下面将对放大电路的设计关键点进行分析,包括:静态工作点分析和非线性失真分析。

1.静态工作点分析

静态工作点分析对于放大电路合适的静态工作点 Q 具有非常重要的意义,因为它决定放大电路是否能将微弱的输入信号不失真地放大,并按输入信号的变化规律转换为所需要的形式供给负载。此外,静态工作点 Q 还直接影响着放大电路的各种动态指标。

图 5.2(a)是最常采用的分压式偏置放大电路。这种电路能稳定的实质是:如因温度升高

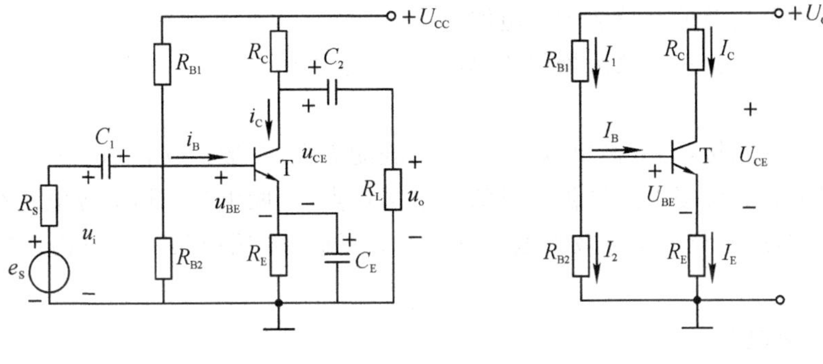

(a) 放大电路　　　　(b)直流通路

图 5.2　分压式偏置放大电路

而引起 i_C 增大时，发射极电阻 R_E 上的电压降就会使 u_{BE} 减小，从而使 i_B 减小以限制 i_C 的增大，静态工作点得以稳定。

此外，当发射极电流的交流分量 i_E 流过 R_E 时，也会产生交流电压降，使 u_{BE} 减小，从而降低电压放大倍数。为此，可在 R_E 两端并联一个电容值较大的电容 C_E，使交流旁路。C_E 称为交流旁路电容，其值一般为几十微法到几百微法。

2. 非线性失真分析

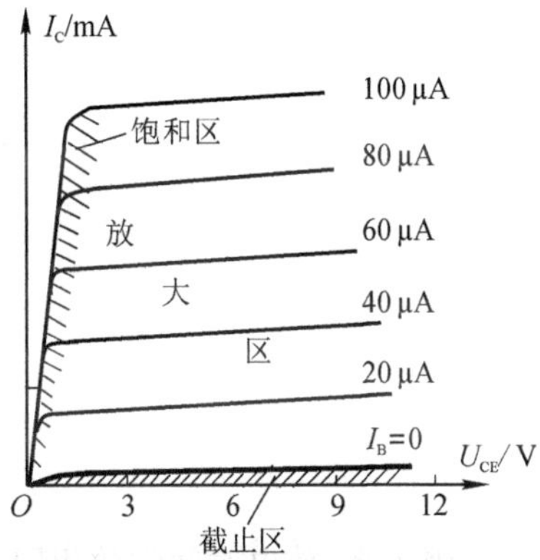

图 5.3　双极型晶体管输出特性曲线

对放大电路的基本要求，就是输出信号不能产生失真。所谓失真，是指输出信号的波形不像输入信号的波形。引起失真的原因有多种，其中最常见的是由于静态工作点不合适或者信号太大，使放大电路的工作范围超出了晶体管特性曲线上的线性范围。这种失真通常称为非线性失真。从图 5.3 所示双极型晶体管的输出特性曲线可以看出，当静态工作点 Q 处于放大区时，双极型晶体管才能处于放大状态；当静态工作点接近饱和区或截止区时，都会引起失真。

5.2.2　集成运算放大电路的设计

集成运算放大电路(简称集成运放)是一种具有很高放大倍数的多级直接耦合放大电路，是发展最早、应用最广泛的一种模拟集成电路，用于模拟运算、信号处理、信号测量、波形转换、自动控制等领域。

集成运放的内部电路组成如图 5.4 所示，各部分的作用为：

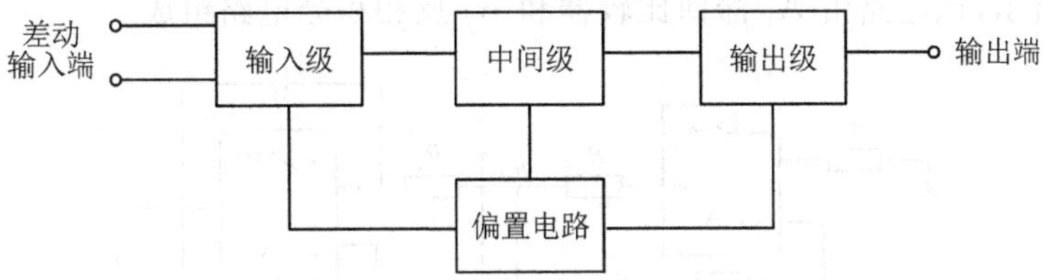

图 5.4　集成运放内部电路组成

输入级：要求能提供尽可能高的输入阻抗和共模抑制比，能减小零点漂移和抑制干扰信号,一般都采用带恒流源的差分放大器电路。

中间级:由多级直接耦合放大器组成,要求电压放大倍数高,常采用带恒流源的共发射极放大电路。

输出级:与负载相接,要求输出电阻低,带负载能力强,一般由互补功率放大电路或射极输出器构成;偏置电路为各级电路提供合适的静态工作点,一般由各种恒流源电路组成。

波形发生电路属于集成运算放大电路的一类,下面将介绍由集成运放构成的几种波形发生电路设计。

1. 矩形波发生电路

如图 5.5 所示,该电路由滞回比较器和 RC 充放电电路组成。电容电压 u_C 即比较器的输入电压,电阻 R_2 两端的电压 U_R 即比较器的参考电压。

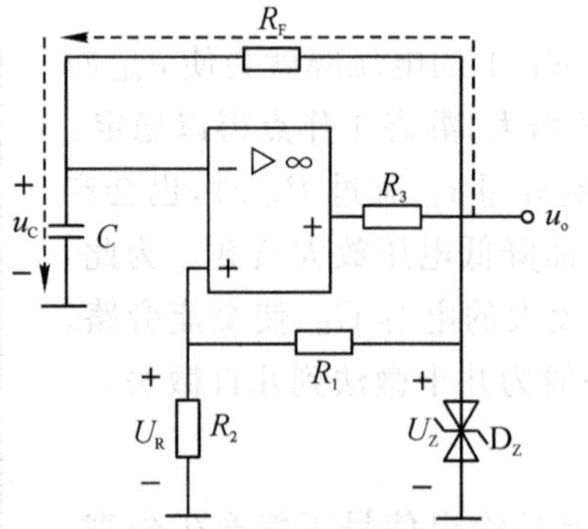

图 5.5　矩形波发生电路

因为充、放电时间常数相同,所以得到的是方波,如图 5.6 所示。其中,矩形波的周期 $T=T_1+T_2=2R_FC\ln(1+2R_2/R_1)$。

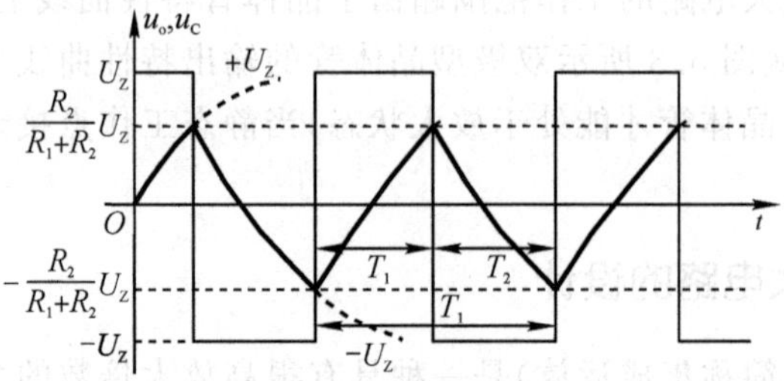

图 5.6　工作波形

2. 三角波发生电路

如图 5.7 所示,该电路由 A_1 滞回比较器和 A_2 反相积分电路组成。

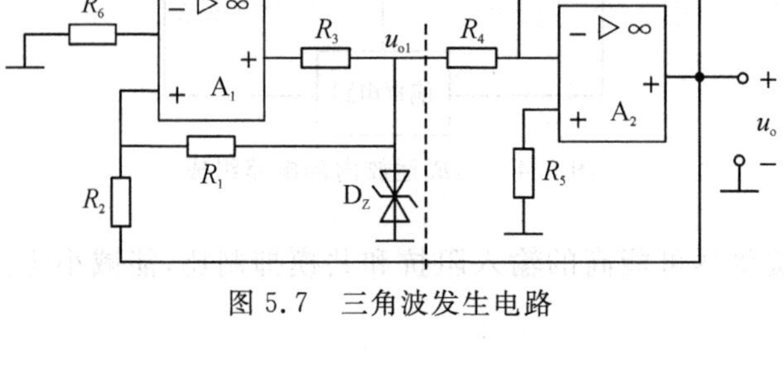

图 5.7　三角波发生电路

如图 5.8 所示，A_1 滞回比较器的输出电压 u_{o1} 为方波，通过改变 u_{o1} 及电阻 R_1、R_2 的取值，即可改变 A_2 反相积分电路输出的三角波 u_o 的幅值。另外，通过改变电阻 R_1 与 R_2 的比值，可改变三角波 u_o 的频率。

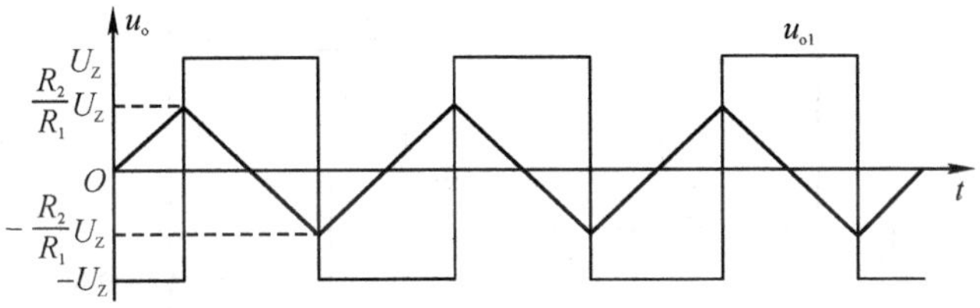

图 5.8　工作波形

3. 锯齿波发生电路

锯齿波发生电路如图 5.9 所示，它可通过稍微改变三角波发生电路而得到。在三角波发生电路中，使积分电路的正、反向积分的时间常数不同，即可使其输出锯齿波，工作波形如图 5.10 所示。

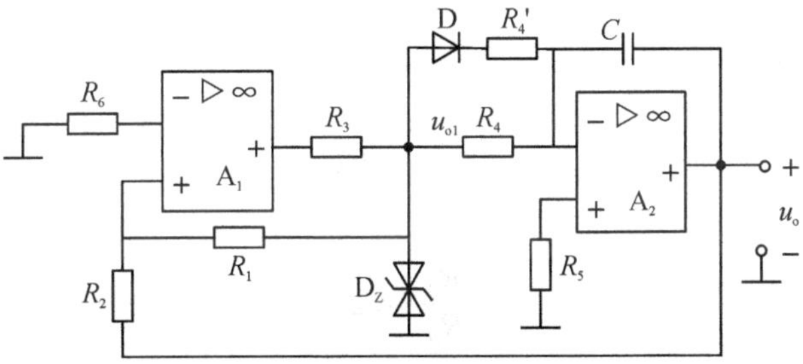

图 5.9　锯齿波发生电路

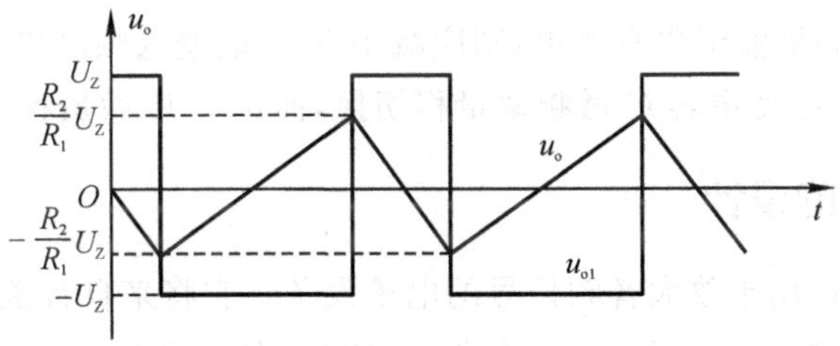

图 5.10　工作波形

4. *RC* 桥式正弦波振荡电路(文氏电桥振荡器)

RC 桥式正弦波振荡电路如图 5.11 所示。其中，*RC* 串、并联电路构成正反馈支路，同时兼作选频网络，R_1、R_2、R_w 及二极管等元器件构成负反馈和稳幅环节。调节电位器 R_w 可以改变反馈深度，以满足振荡的振幅条件和改善波形。利用两个反向并联二极管 D_1、D_2(型号为 1N4148)正向电阻的非线性特性来实现稳幅。D_1、D_2 采用硅管(温度稳定性好)，且要求特性匹配，以保证输出波形正、负半周对称。R_3 的接入是为了削弱二极管非线性的影响，以改善波形失真。

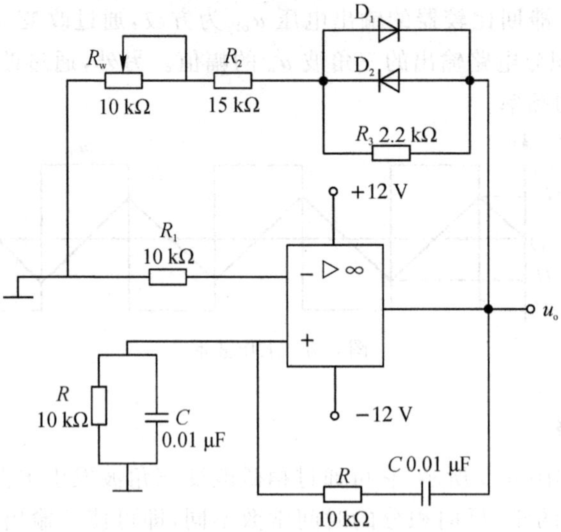

图5.11 RC桥式正弦波振荡电路

电路的振荡频率为

$$f_0=\frac{1}{2\pi RC} \tag{5-1}$$

起振的振幅条件为

$$\frac{R_f}{R_1}\geqslant 2 \tag{5-2}$$

其中,$R_f=R_w+R_2+(R_3/r_D)$,r_D为二极管正向导通电阻。

调整反馈电阻R_f(调R_w),使电路起振,且波形失真最小。如果不能起振,则说明负反馈太强,应适当加大R_f;如果波形失真严重,则应减小R_f。改变选频网络的参数C或R,即可调节振荡频率。一般采用改变电容C做频率量程切换,而调节R做量程内的频率细调。

5.2.3 音响放大器的设计

音响放大器,是一种用于放大音频信号的电子设备。它将来自音源(如CD播放器、电视、电脑等)的低电平信号放大到足以驱动扬声器发出响亮声音的水平。

1. 任务和要求

(1)设计一音响放大器,使其具有话筒扩音、卡拉OK伴唱、音调控制等功能。具体设计要求如下:

①根据性能指标要求,设计出电路原理图,分析电路工作原理,计算元件参数。

②列出所用元器件的清单,准备需用的设备、仪表及器件。

③安装调试电路,对调试过程中遇到的问题进行分析、排除,使之达到设计要求。

④记录实验数据,对实验数据进行分析。

(2)主要技术指标:

①额定功率:$P_N\geqslant 1$ W。

②截止频率:下限频率$f_L=40$ Hz,上限频率$f_H=10$ kHz。

③负载阻抗：$R_L=8\ \Omega$。

④音调控制特性：1 kHz 输出增益为 0 dB，100 Hz 和 10 kHz 输出有±12 dB 的调节范围，$A_{VL}=A_{VH}\geqslant 20$ dB。

⑤输入阻抗：$R_I\geqslant 20\ \Omega$。

2. 设计原理与框图

音响放大器主要由话筒放大器、混合前置放大器、音调控制器和功率放大器四部分构成。其基本组成框图如图 5.12 所示。

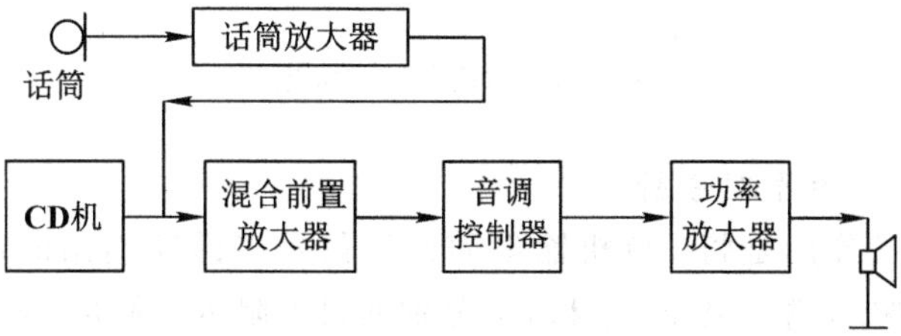

图 5.12　音响放大器组成框图

3. 可选器材

(1)LM1702 型直流稳压电源一台。

(2)LM1602 型低频信号发生器一台。

(3)BS1A 型失真度测量仪一台。

(4)YB4324 型双踪示波器一台。

(5)LM2193 型晶体管毫伏表一台。

(6)MF47 型万用表一台。

(7)低阻话筒一只，其阻抗为 20 Ω，输出信号电压为 5 mV。

(8)CD 机一台，其音频输出信号电压为 100 mV。

(9)集成运放 LM324 一片，集成功率放大器 LA4102 一片，8 Ω/4 W 负载电阻一只，8 Ω/4 W 扬声器一只。

(10)连接导线(0.6 mm 绝缘线)若干。

4. 设计原理分析

1)话筒放大器的原理分析

话筒放大器的作用就是不失真地放大话筒送出的声音信号。由于话筒输出信号只有 5 mV 左右，这就要求放大器的增益要高，输入阻抗要高。由于分立元件实现的电路比较复杂，尺寸较大，且静态工作点的调节及电压放大倍数的设计都比较麻烦，因此可以考虑使用运算放大器来实现。图 5.13 所示的同相比例运算放大器可作为话筒前置放大电路，输入电压 u_i 通过电阻 R_2 从运算放大器的同相输入端输入，反馈电阻 R_F 接在反相输入端和输出端之间，当运算放大器的开环增益足够大时，同相比例运算放大器的闭环电压增益为

$$A_u=1+\frac{R_F}{R_1} \tag{5-3}$$

输出电压为

$$u_o = \left(1 + \frac{R_F}{R_1}\right) u_i \tag{5-4}$$

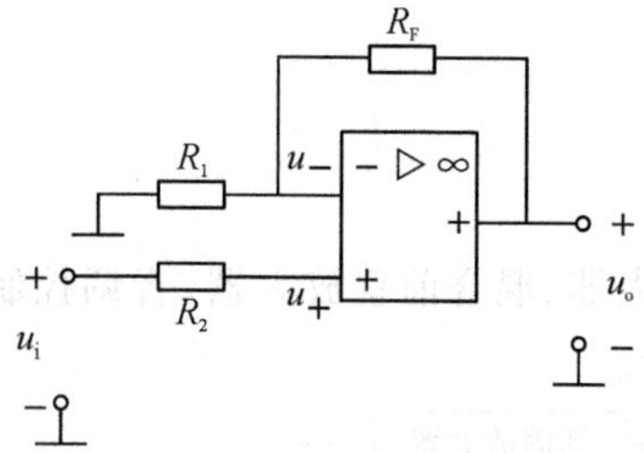

图 5.13 话筒前置放大电路

2)混合前置放大器的原理分析

混合前置放大器的作用是将 CD 机输出的音乐信号与话筒输出的声音信号进行混合放大。图 5.14 所示电路中,输入电压 u_{i1} 和 u_{i2} 分别通过电阻 R_1 和 R_2 从运算放大器的反相输入端输入,反馈电阻 R_F 接在反相输入端和输出端之间,构成反相加法运算电路。表达式为

$$u_o = -\left(\frac{R_F}{R_1} u_{i1} + \frac{R_F}{R_2} u_{i2}\right) \tag{5-5}$$

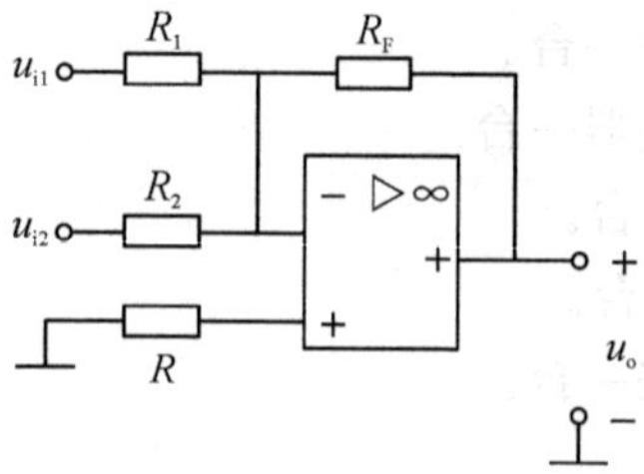

图 5.14 混合式前置放大电路

3)音调控制器的原理分析

音调控制器的作用是实现高、低音的提升和衰减,调节控制音响放大器输出频率的高低。负反馈型音调控制器电路设计较为简单,如图 5.15 所示,输入和输出回路都有 RC 电路组成。

音调控制只针对高、低音的增益进行提升、衰减,而中音的增益基本保持不变。

当信号在中频区时,由于 $C_2 = C_3$,且远大于 C_4,因此低、中频区的 C_4 可视为开路,而中、高频区的 C_2、C_3 可视为短路。又因为运算放大器的开环电压增益很高,输出阻抗也很高,R_1 的影响可以忽略,若 R_3 等于 R_4,于是该电路的电压增益为 0。

R_{P1}、R_1、R_3、R_4、C_2、C_3 构成低音控制电路。当信号在低频区时,由于 C_4 很小,C_4 和 R_2 支路可视为开路,反馈网络主要由上半边起作用。同样因为运算放大器的开环电压增益很高,输出阻抗也很高,R_1 的影响可以忽略。当电位器 R_{P1} 滑动端移至左边时,C_2 被短路,音频控制电路起低频提升作用;当电位器 R_{P1} 滑动端移至右边时,C_3 被短路,音频控制电路起低频衰减作用。

R_{P2}、R_2、C_4 构成高音控制电路。当高音信号到来时,C_2、C_3 可视为短路,信号经 C_2、C_3 直接送出,C_1、C_5 起耦合信号的作用。

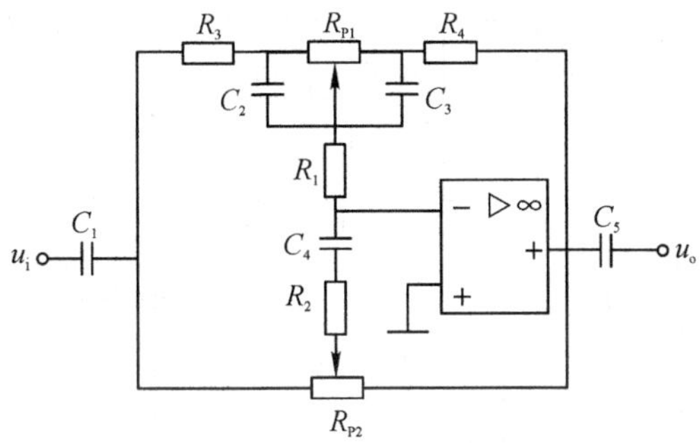

图 5.15　音频控制电路

4)功率放大器

功率放大器的作用是向负载扬声器提供功率，要求做到输出功率尽量大，转换效率尽量高，保证在扬声器上得到非线性失真尽量小的额定功率信号。

功率放大器电路的形式很多，有双电源供电的 OCL(Output Capacitor Less)互补对称功放电路、单电源供电的 OTL(Balanced Transformer Less)功放电路、BTL 桥式推挽功放电路和变压器耦合功放电路等。根据不同的工作方式，功放可划分为不同的类别，比如甲类、乙类、甲乙类和丙类等。这些电路都各有特点，可根据设计要求和实验条件综合考虑。常见的集成音频功率放大器件有 LM386、TDA2003、TDA2030 等。可通过阅读厂商提供的器件参数资料，选择一种性价比高的芯片完成功率放大器电路的设计。

5)设计过程

首先要确定该功率放大器的级数，再根据各自的功能及技术参数确定各级应分配的电压增益，然后据此来计算各级电路参数(一般是从最后级开始往前级进行)。据题意要求，音响放大器输入信号为 5 mV 时，输出功大于 1 W，输出电压大于 2.8 V，系统的总电压增益 A_u 应在 560 倍以上，各级电压增益分配如图 5.16 所示。功放级电压增益主要由集成电路决定，取 $A_{u4}=30$；音调级在频率为 1000 Hz 时，增益为 1，考虑实际衰减，取 $A_{u3}=0.8$；话筒放大器和混合前置放大器一般采用运算放大器，其增益不宜太大，取 $A_{u1}=8.5$、$A_{u2}=3$。

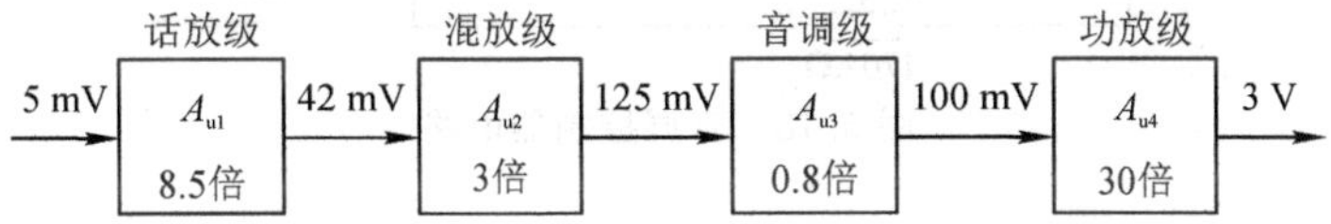

图 5.16　各级电压增益分配

(1)功率放大器的设计。

集成功率放大器电路的设计如图 5.17 所示，各引脚功能：1 脚输出端，2、7、11 空脚，3 脚接地，4、5 脚消振，6 脚反相输入端，8 脚公共射极电位，9 脚同相输入端，10、12 脚退耦滤波，13 脚自举电容，14 脚正电源。其中 R_F、C_3 与集成功率放大器内部反馈电阻 R(20 Ω)组成交流电压串联负反馈电路，在应用中只要通过改变 6 脚外接电阻 R_F 的大小，就能改变功率放大器的电压增益 A_{u4}，其计算公式为

$$A_{u4}=1+\frac{R_F}{R} \tag{5-6}$$

令 R_F 和 C_3 分别为 600 Ω 和 33 μF，经计算 A_{u4} 约等于 30。

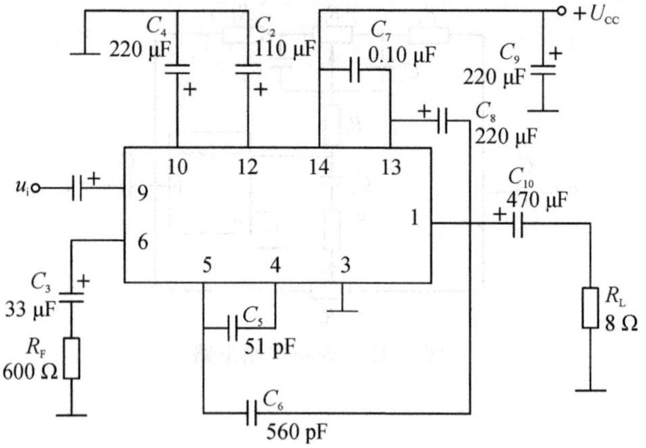

图 5.17　功率放大器电路

(2)音调控制器的设计。

音调控制器电路的设计如图 5.18 所示。运算放大器采用单电源供电的四运算放大器 LM324，R_{P3}为低音控制，R_{P4}为高音控制，R_{P5}为音量控制。LM324 是四运算放大器集成电路，采用 14 脚双列直插塑料封装，其内部包含四组形式完全相同的运算放大器。它的电路耗电小，电源电压范围宽，可用正电源 3～30 V，或正负双电源(±1.5～±15)V 工作。除电源共用外，四组运算放大器相互独立。

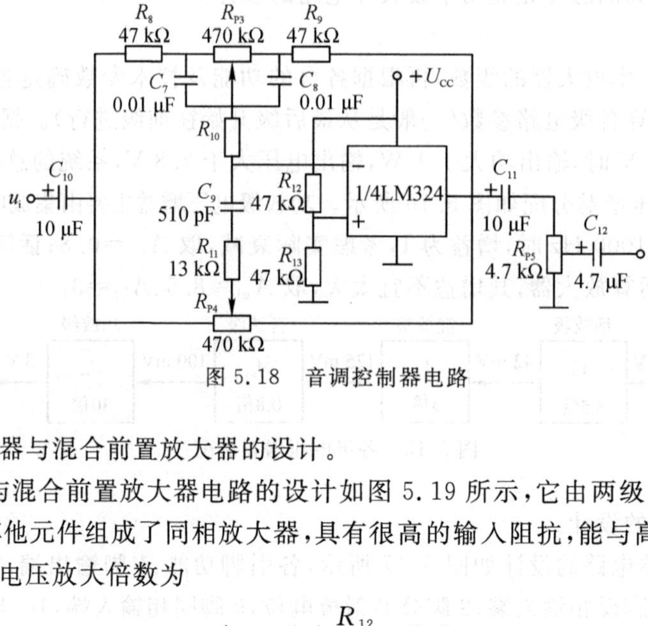

图 5.18　音调控制器电路

(3)话筒放大器与混合前置放大器的设计。

话筒放大器与混合前置放大器电路的设计如图 5.19 所示，它由两级电路组成。其中，运算放大器 A_1 与其他元件组成了同相放大器，具有很高的输入阻抗，能与高阻话筒配接作为话筒放大器电路，其电压放大倍数为

$$A_{u1}=1+\frac{R_{12}}{R_{11}}=8.5 \tag{5-7}$$

LM324 的通频带虽然很窄(增益为 1 时，带宽为 1 MHz)，但这里电压放大倍数不高，故能达到设计要求。混合前置放大器电路由运算放大器 A_2 与其他元件组成，一个反相加法电路输出电压 u_{o2} 的表达式为

$$u_{o2}=-\left(\frac{R_{22}}{R_{21}}u_{o1}+\frac{R_{22}}{R_{23}}u_{12}\right) \tag{5-8}$$

混合级前置放大器的输出电压 $u_{o2} \geqslant 125$ mV，而话筒放大器的输出电压 u_{o1} 已经达到了 42 mV，放大接近 3 倍可以满足要求。录音机的输出信号较大，一般在 100 mV，已经基本达到了 u_{o2} 的要求，不需要再进行放大。

取 $R_{23} = R_{22} = 3R_{21} = 30$ kΩ，可使话筒与录音机的输出经混放级后输出相等。电路中各元件的取值在设计时还需要通过仿真实验进行调整和修改，特别在进行整机调试时，还需考虑级与级之间的相互影响。

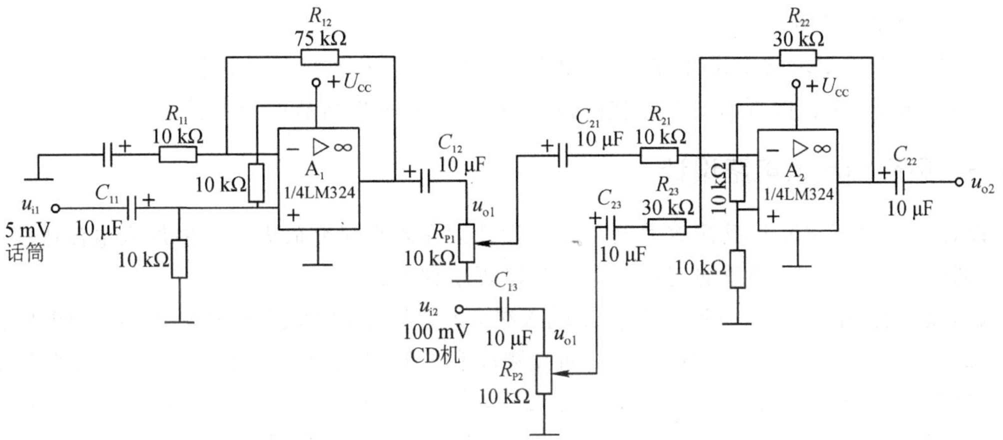

图 5.19　话筒放大器与混合前置放大器电路

5.3　模拟电路课程设计题目选编

5.3.1　电压/频率转换器设计

设计一台振荡频率随外加控制电压变化的电压/频率（V/F）转换器。该设计利用输入电压的大小改变电容器的充电速度，从而改变振荡电路的振荡频率，可利用积分器作为输入电路；积分器的输出信号控制电压比较器、施密特触发器、单稳态触发器等，可得到矩形脉冲输出；输出信号电压通过一定反馈方式控制积分电容恒流放电，从而使积分电容的充放电速度控制输出脉冲信号的频率，实现了 V/F 变换。具体要求如下：

(1)输入为直流电压 V_1，输出频率为 f_o，f_o 正比于 V_1。

(2)f_o 为矩形脉冲，f_o 变化范围 0～10 kHz。

(3)V_1 变化范围 0～10 V。

(4)转换精度<1%。

(5)根据上述要求选定设计方案，画出系统框图，写出详细的设计过程。

(6)利用 EDA 软件画出一套完整的设计电路图，并列出所有的元器件清单。

5.3.2 共发射极放大电路设计

设计一个具有稳定静态工作点的分压式偏置共发射极放大电路。静态工作点对放大器的性能和输出波形都有很大影响,选定工作点以后还必须进行动态调试,即在放大器的输入端加入一定的输入电压 u_i,检查输出电压 u_o 的大小和波形是否满足要求。具体要求如下:

(1)放大电路接+12 V 直流稳压电源,使双极型晶体管基极电位 V_B 范围为 2~3 V。

(2)放大电路接入频率为 1 kHz、有效值为 20 mV 的正弦波信号,使输出电压波形无明显失真,电压增益大于 60。

(3)根据上述要求选定设计方案,画出系统框图,写出详细的设计过程。

(4)利用 EDA 软件画出一套完整的设计电路图,并列出所有的元器件清单。

5.3.3 负反馈放大电路设计

设计一个电流串联负反馈放大电路。本设计旨在着重研究放大电路中加入电流串联负反馈后,通频带宽度、电压增益的变化规律。具体要求如下:

(1)放大电路接+12 V 直流稳压电源,输入端接入频率为 1 kHz、有效值为 10 mV 的正弦信号。

(2)保持输入信号源幅值不变,分别向高频段和低频段调节信号源的频率,使高频段和低频段时放大电路的输出电压等于中频时的 0.707 倍,测出通频带宽度和电压增益的变化情况。

(3)根据上述要求选定设计方案,画出系统框图,写出详细的设计过程。

(4)利用 EDA 软件画出一套完整的设计电路图,并列出所有的元器件清单。

5.3.4 调频发射机/接收机设计

设计一台小功率的调频发射机,一台小功率的调频接收机。

对调频发射机而言,LC 振荡与调频电路产生频率为 f_o=5 MHz 的高频振荡信号,变容二极管线性调频,最大频偏 Δf_m= 10 kHz,发射机的频率稳定度由该级决定;在隔离缓冲级中注意将振荡级与功放级隔离,减小功放级对振荡级的影响;末级功放,将前级送来的信号进行功率放大,使负载电阻(天线)上获得满足要求的发射功率。根据不同情况选择不同功放,本设计要求 η>50%,故选用丙类功放较好。

对调频接收机,确定电路的形式,选择合适的元器件;设置静态工作点,计算元器件参数。具体要求如下:

(1)调频发射机发射功率 P_A=500 W。

(2)调频发射机负载电阻(天线)R_L=51 Ω。

(3)调频发射机工作中心频率为 5 MHz,最大频偏 Δf_m=10 kHz。

(4)调频发射机总效率 η>50%。

(5)调频接收机输出功率 P_o=0.3 W。

(6)调频接收机工作中心频率为 10.7 MHz。

(7)调频接收机工作频率为 6.5 MHz。

(8)调频接收机灵敏度为 10 μV。

(9)根据上述要求选定设计方案,画出系统框图,写出详细的设计过程。

(10)利用 EDA 软件画出一套完整的设计电路图,并列出所有的元器件清单。

5.3.5　智能节水控制电路设计

设计一个能自动识别人手或物体靠近水龙头时便自动开启水阀的控制智能节水控制电路。智能节水控制电路一般主要包括检测处理电路、延时电路、秒信号产生电路、计数电路、报警电路、驱动电路等模块。具体要求如下：

(1)检测装置有效距离检测范围小于 15 cm。

(2)有效信号消失，持续时间达 2 s 则自动断水。

(3)每次持续出水时间达到 8 s 则发出声、光报警信号。

(4)水龙头电磁阀的开启与关闭，分别用 LED 指示的点亮、熄灭来表示。

(5)根据上述要求选定设计方案，画出系统框图，写出详细的设计过程。

(6)利用 EDA 软件画出一套完整的设计电路图，并列出所有的元器件清单。

5.3.6　浴室水温控制器

设计一个简易浴室水温控制电路，该电路能够将水温控制在一个合适的范围内，同时可以通过手动实现对水温范围的改变。具体要求如下：

(1)要求电路能够显示出电阻丝的通电与否。

(2)能对水温进行测量并指示读数。

(3)要求电路能够手动对水温进行控制，控制范围为 0～100 ℃。

(4)根据上述要求选定设计方案，画出系统框图，写出详细的设计过程。

(5)利用 EDA 软件画出一套完整的设计电路图，并列出所有的元器件清单。

5.3.7　声光控楼梯延迟灯

设计一个简易声控延时照明灯电路。具体要求如下：

(1)设计一个声光控楼梯延迟灯控制电路。

(2)在白天光线较强时，灯自动封锁不亮。

(3)一到傍晚，只要楼梯走道有人走动或有人谈话时，灯即点亮。

(4)灯亮延迟数十秒后，又自动熄灭。

(5)根据上述要求选定设计方案，画出系统框图，写出详细的设计过程。

(6)利用 EDA 软件画出一套完整的设计电路图，并列出所有的元器件清单。

5.3.8　家用瓦斯报警电路

设计一个简易瓦斯报警电路。该电路能够检测出空气中是否含有如天然气、煤气和液化石油气等危险气体，当空气中危险气体的含量超标时能够自动报警，同时自动切断危险气体产生源。要求如下：

(1)要求电路能够检测出空气中是否含有天然气、煤气和液化石油气等危险气体。

(2)要求电路当空气中危险气体的含量超标时，能够通过声光报警形式自动进行报警。

(3)要求电路当空气中危险气体的含量超标时，可以自动切断危险气体源。

(4)根据上述要求选定设计方案，画出系统框图，写出详细的设计过程。

(5)利用 EDA 软件画出一套完整的设计电路图，并列出所有的元器件清单。

5.3.9 光控防盗报警电路

设计一个简易光控防盗报警电路。该电路能够检测出是否有物体接近所要保护的财产,并且当判定有物体接近时能够通过声光形式报警。同时在一段时间 t 后,自动喷洒出麻醉剂,并可调节时间 t 的长短。设计要求如下:

(1)要求电路能够通过感应装置,检测出是否有物体接近所要保护的财产。

(2)要求电路在判定有物体接近时,能够通过声光形式报警。

(3)要求电路在发出警报一段时间后,能够自动喷洒出麻醉剂。

(4)要求电路根据需要,调节喷洒麻醉剂前的等待时间。

(5)根据上述要求选定设计方案,画出系统框图,写出详细的设计过程。

(6)利用 EDA 软件画出一套完整的设计电路图,并列出所有的元器件清单。

5.3.10 自来水开关控制电路

设计一个简易自来水开关控制电路。该电路能够在人们需要用水的时候,通过感应装置自动打开自来水开关,并且在打开开关一段时间后,自动关断开关,从而起到节约用水的目的。具体要求如下:

(1)要求电路通过感应装置,在人们需要用水的时候,自动打开自来水开关。

(2)要求电路在打开自来水开关一段时间后,自动关断开关。

(3)要求电路能够调节自来水开关打开的时间。

(4)根据上述要求选定设计方案,画出系统框图,写出详细的设计过程。

(5)利用 EDA 软件画出一套完整的设计电路图,并列出所有的元器件清单。

5.3.11 窗帘自动开闭电路

设计一个简易窗帘自动开闭电路。该电路能够检测到光线的强弱,同时根据光线的强弱,自动将窗帘打开和关闭。具体要求如下:

(1)要求电路能够通过感应装置,检测到光线的强弱。

(2)要求电路根据光线的强弱,自动将窗帘打开和关闭。

(3)要求电路能够在窗帘接触到边沿时,自动切断电源。

(4)根据上述要求选定设计方案,画出系统框图,写出详细的设计过程。

(5)利用 EDA 软件画出一套完整的设计电路图,并列出所有的元器件清单。

5.3.12 双极型三极管放大倍数 β 检测电路

设计一个简易双极型晶体管(以下简称三极管)放大倍数 β 检测电路。该电路能够检测出三极管放大倍数 β 的挡位,同时可以通过手动实现对挡位的改变。设计要求如下:

(1)要求电路能够检测出三极管的类型,即是 NPN 型,还是 PNP 型。

(2)要求电路至少能够将三极管放大倍数 β 从 0～∞分为 8 个挡位。

(3)要求电路能够手动调节 8 个挡位值的具体大小。

(4)根据上述要求选定设计方案,画出系统框图,写出详细的设计过程。

(5)利用 EDA 软件画出一套完整的设计电路图,并列出所有的元器件清单。

5.3.13　温度监控装置的设计

设计一个温度控制系统。当温度高于某一数值时，就必须驱动冷风机进行降温，同时进行报警。设计要求如下：

(1)温度测量范围为 15～30 ℃，分辨力 0.05 ℃。

(2)温度控制范围为(20±5)℃，夏天使用，由本装置驱动冷风机降温。交流接触器线圈的工作电流为 100 μA。

(3)报警指示，当温度大于 25 ℃时，用红灯报警。

(4)根据上述要求选定设计方案，画出系统框图，写出详细的设计过程。

(5)利用 EDA 软件画出一套完整的设计电路图，并列出所有的元器件清单。

5.3.14　光电越限报警器的设计

设计一个光电越限报警器。当有人超越规定的界限时，立即发出报警，就能引起人们的注意，有利于保护文物或减少事故。设计要求如下：

(1)有光照时，在一个 1/4 W、8 Ω 的喇叭上发出音频(1000 Hz 左右)报警信号，无光照时不发信号。

(2)无光照时发出音频报警信号，有光照时不发出信号。

(3)根据上述要求选定设计方案，画出系统框图，写出详细的设计过程。

(4)利用 EDA 软件画出一套完整的设计电路图，并列出所有的元器件清单。

5.3.15　双工对讲机设计

设计一个对讲机，实现甲、乙双方异地有线通话对讲功能，参考电路框图如图 5.20 所示。具体要求如下：

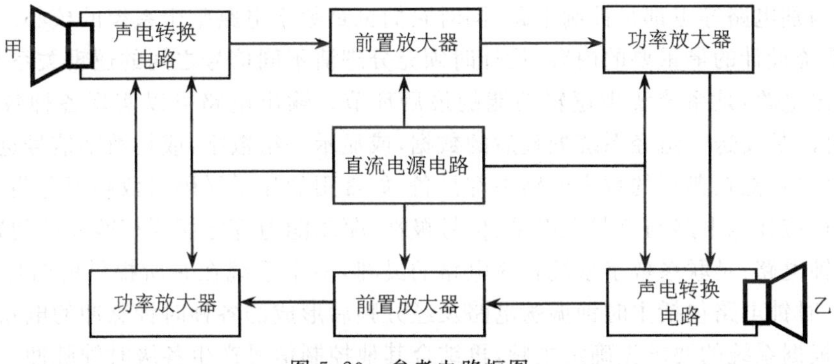

图 5.20　参考电路框图

(1)元件采用集成运算放大器和集成功率放大器及电阻、电容等。

(2)用扬声器兼作话筒和喇叭，双向对讲，互不影响。

(3)电源电压选用＋9 V，输出功率≥0.5 W，工作可靠，效果良好。

(4)根据上述要求选定设计方案，画出框图中的各部分电路，尽量选用各种集成运算放大器和其他模拟集成电路。对各部分电路的工作原理应做出说明。

(5)利用 EDA 软件画出一套完整的设计电路图，并列出所有的元器件清单。

第 6 章　数字电子技术课程设计

数字电路主要对不连续变化的数字信号(也称脉冲信号)进行传输、处理和控制。数字电路的广泛应用和高度发展标志着现代电子技术的水准,电子计算机、数字化通信、数字式仪表、数字控制装置和工业逻辑系统等方面都是以数字电路为基础的。

6.1　数字电路设计的基本方法

6.1.1　数字电路的组成

数字电路系统是一个综合性的系统,其核心构成包括输入电路、控制电路、输出电路、时钟电路以及电源等关键部分。各个部分具体功能与作用如下。

(1)输入电路:用于将待处理信号变换成可处理的数字信号,可由各形式的输入接口电路构成。待处理的信号若为模拟信号,要经过模数转换电路转换成数字信号后再进行处理。若待处理信号幅值较小,要经过放大器对微弱信号进行放大与整形后,才能得到数字信号。因此,在设计输入电路时,须先明确输入信号的性质及接口条件,以满足电路处理信号的要求。

(2)控制电路:用于将信息进行加工处理,并提供系统各部分所需的控制功能。数字电路中典型和常用的控制是时间控制和逻辑控制。例如,常见的彩灯显示控制器就是通过控制计数器读取计数脉冲,按照一定的周期计数,进而控制定时器形成的时间控制。除此以外,各种逻辑运算、判别电路等也都是控制电路,同时它们也是数字电路整个系统的核心。设计控制电路是数字系统设计的最重要的内容,设计时须充分理清不同信号之间的逻辑关系与时序关系。

(3)输出电路:是系统实现逻辑功能的最后环节。输出电路可以实现各种各样的数据输出,例如,可以是发送一组经系统处理后的数据,或显示一组数字,或将数字信号进行模拟信号转换等。这些功能在典型的数字电路中都具备,如常用的显示译码与数码管电路。因此,设计输出电路时,应注意电路与负载在电平、信号极性、驱动能力等方面要相匹配的问题。

(4)时钟电路:是联系数字系统各级电路的灵魂,整个系统在它所提供的时序下按一定的规律工作。时钟电路包括主时钟振荡电路及经分频后形成的各种时钟脉冲的电路。设计时钟电路时,应根据系统的要求先确定主频,再结合其他控制信号产生各级时钟脉冲。

(5)电源:为整个系统工作提供所需的能源,及端口所需的直流电平。在数字电路系统中,有 TTL 和 CMOS 两种电路,其中 TTL 电路对电源电压具有更严格的要求。因此,设计电源时,须注意电源的负载能力、电压、稳定度、纹波系数及电路类型等。

综上所述,控制电路部分为整个数字电路系统的核心部件,是数字系统设计的主体。通常这个核心部件又都由相关的组合逻辑电路和时序逻辑电路组成,故数字电子技术的课程设计,也就是被分解的组合逻辑电路、时序逻辑电路及其他特殊功能电路的设计。

6.1.2　数字电路的设计方法

数字电路由诸多相对独立的单元电路构成，其设计过程遵循由大到小、由整体至局部，再由小到大、由局部至整体的原则。具体而言，设计之初需将系统拆解为若干单元电路系统；随后，深入分析各单元电路的功能与性能，以及它们之间的逻辑关系和时序关系，精心挑选适合的单元数字电路来实现各个子系统；最终，将这些子系统巧妙组合，从而完成整个数字电路系统的设计工作。

1. 总体方案设计

在进行数字电路设计的过程中，首先是制订总体方案。在深入分析任务要求的基础上，全面理解设计电路的性能指标、应用条件以及功能需求。随后，基于这些分析，设计出构成电路的多个单元功能模块，这些模块是实现特定功能的最小单元电路，也被称为子系统。除了关注各单元模块的设计外，还需仔细考虑它们之间的逻辑关系与时序关系，确保单元模块间信号与数据的传递方向清晰明确。最后，将这些设计思路用原理框图的形式表示出来，为后续电路设计的开展提供有力依据。原理框图通常仅展现设计思想、基本原理以及数据传递方向，因此，框图应当力求简洁明了。对于部分技术的关键点和难点，可以详细绘制并加以说明，图 6.1 是一个多功能电源系统设计的原理框图。

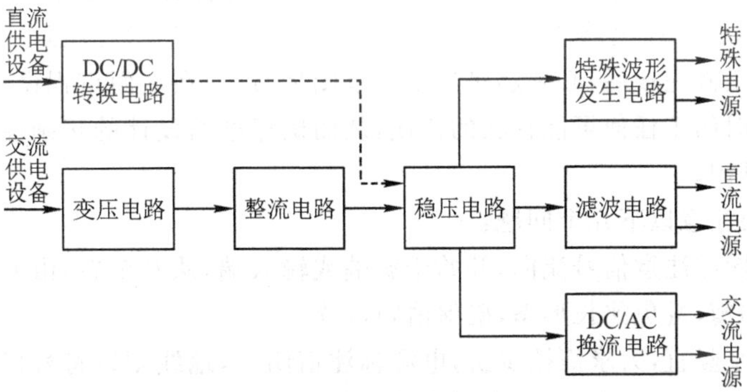

图 6.1　多功能电源原理框图

实现一个特定的功能，可采用的设计途径与方案往往是多样的。为了获得最佳的设计方案，通常需要针对任务要求进行深入的调研工作，这包括分析电路原理、查阅芯片手册等多个环节。这一过程往往需要通过多次设计、验证以及再设计的循环迭代来实现。

2. 单元电路的设计

单元电路的设计是在总体方案框架下进行的具体实施，它负责实现各个单元模块的功能，构成整个电路设计的核心部分。具体设计步骤如下：

(1)在总体方案的指导下，进一步细化各单元电路的要求。这包括明确单元电路的功能、性能指标，以及各单元电路之间输入、输出信号的逻辑关系和时序关系。在设计过程中，应尽量避免使用电平转换电路，以简化设计。

(2)确定单元电路的具体结构形式。通常，各单元电路都有一些典型的电路结构可供选择。在设计时，应优先考虑已知且熟悉的电路，同时也可以通过查阅资料，选择更合适、更先进的电路结构，并在此基础上进行改进，以优化电路的结构形式。此外，设计单元电路时还需考虑使用结构简单、成本低、稳定性好、通用性强的电路。

(3)计算单元电路的主要参数,并确定元器件的类型与型号。例如,振荡电路如果采用电容充放电的方式实现,就需要根据任务要求的信号频率,计算出电路中电阻、电容的具体数值。

(4)绘制单元电路图。在确定了电路结构、器件类型和型号后,需要绘制出完整的电路图。在绘制过程中,要注意器件的布局是否合理、引脚的连线是否正确连接,以及器件的参数是否准确标注。

3. 元器件的选择

在数字电路设计中,元器件的挑选是奠定项目成功的基石,它关联着电路的稳定性、成本控制及最终产品的紧凑性。选择时,需遵循的原则:在确保设计规格达标的前提下,力求元器件的体积最小化与成本最优化。同时,为了设计流程的顺畅与高效,推荐统一采用同类型集成电路,以减少元件间的兼容难题。TTL 与 CMOS 作为两大主流,各具特色,TTL 以卓越的速度见长,适用于高速需求场景;而 CMOS 则以低功耗与强抗干扰能力著称,是低功耗应用的理想选择。因此,在实际项目中,需根据具体需求,灵活选用,以实现最佳性能与成本效益的平衡。

4. 总电路图的绘制

在完成单元电路设计、精确计算所需参数以及精心挑选元器件之后,接下来的关键步骤是绘制总电路图。这张总体电路图是后续电路实验、调试、生产组装过程中不可或缺的参考蓝图。因此,电路图绘制完成后,必须经过严格的审图环节,旨在全面审视设计过程中的潜在遗漏,敏锐捕捉并即时纠正任何可能存在的错误,从而确保电路设计的正确性与可靠性,为后续工作奠定坚实的基础。

绘制电路图要注意以下几个问题:

(1)绘制电路图需注意信号流向,开始于源端或输入端,从左至右,由上而下,逐一展现单元电路。布局需均衡,避免狭长形态,确保清晰可读。

(2)连线应横平竖直,力求简捷少折,电源标注值明示,地线则以符号代替。交叉连接处,若三、四端相接,圆点标记防误解,无点则为跨越线。

(3)面对复杂电路,先绘草图构思,布局连线优化后,再绘正式图纸,确保精准无误。

5. 电路的调试

数字电路调试常采用分单元调试后统调,利于缩小故障排查范围。此过程需要对单元电路功能深入理解,要熟悉检测仪器操作,如万用表、逻辑电平开关等,并掌握 TTL 中小规模集成器件的使用,包括逻辑、电气性能。调试中应充分利用实验仪测试功能及万用表等工具。具体调试步骤如下:

(1)单元电路安装好后,应该先认真进行通电前的检查。检查电路中元器件是否接错,电源对地是否短路,电解电容极性是否正确,连线是否正确。确认无误后方可通电。

(2)通电后,不要急于测量,先要观察有无冒烟、发热、异常响声、气味等现象;若无异常,再进一步检查每片集成电路的工作电压是否正常(TTL 电路电源电压为 5 V±0.25 V),这是电路有效工作的基本保证。

(3)调试该单元电路直至正常工作。调试可分为静态调试和动态调试两种。调试可按电路实现的功能进行,一般将电路划分成主电路与各单元电路,先调试主电路,然后调试单元电路。

(4)在调试电路时，要追踪信号路径，从输入至输出，由简至繁逐一检测，直至电路运行正常。该过程中因电路尚未集成，可依据电路逻辑，临时为受控电路的控制输入设定合适的高低电平，确保主电路独立运作无误。随后，将调试好的各部分电路相连接，以实施进一步的整体电路的系统性调试。

(5)整体统调阶段，核心在于动态效果的监测。此过程需将实测结果与预设设计指标细致比对，一旦发现偏差或故障，立即定位并排除，直至所有参数均达标。此外，明确各单元电路间的信号传输路径与控制机制至关重要，尤其需验证电路的自起动能力，确保开机后系统能无缝过渡至稳定运行状态。

6. 电路的检查

数字电路的检查是检验、修正设计方案的实践过程，有效的测试方法则是电路正确运行的基本保证，具体包括集成块好坏的检测和系统功能的检测，是应用理论知识来解决实践中各类问题的关键环节，也是设计者必须掌握的基本技能。

1)数字集成块的功能测试

集成块的功能测试是在安装电路之前，对所选用的数字集成电路检测其逻辑功能，以避免因器件功能不正常增加调试的困难。可通过测试仪检测、设计实验电路测试逻辑功能及替代法验证器件性能，确保电路稳定运行。多数器件常采用实验检查法。

(1)集成逻辑门：静态下，通过调整输入电平，确保输出逻辑正确；动态时，接入脉冲信号，观测时序波形验证逻辑设计。

(2)集成触发器：静态验证基本功能，动态下在时钟脉冲驱动下测试计数，同时考察其抗干扰能力和负载适应性。

(3)计数器：静态确保复位置位无误，动态中根据时钟脉冲精确计数，利用不同工具观测波形与频率变化。

(4)译码显示：先验证确保数码管显示正常，再输入数据测试译码输出，注意排查常亮、不亮或显示模糊等故障。

2)系统功能的检测

(1)观察法，查电路，看导线、插件、集成块及元件状态，确认电压稳定。

(2)信号注入法，用外部信号替代原信号，判断故障在信号源还是电路本身。

(3)信号追踪法，用示波器等跟踪信号，依据逻辑电路特性分析波形，确定故障原因。

7. 样机制作及调试

样机制作流程包括组装、精密焊接、细致调试以及全面的可靠性测试。针对现场部署的系统，为确保其高可靠性，额外需要进行的测试包括：评估系统对抗电磁干扰的鲁棒性，检验在电网电压波动至极限值及环境温度极端变化下的稳定运行能力，考察系统经历长期运行后的稳定性表现，以及测试其对机械振动的耐受能力。

最后，对成果进行总结鉴定，考核样机是否全面达到规定的技术指标，能否长期可靠地工作，同时写出课程设计报告。

6.2 常用数字电路设计

数字电路设计的核心在于合理、有效地使用逻辑门、触发器、计数器、寄存器等基础构件，采用模块化策略构建复杂逻辑功能。本节将介绍数字电路中常见的电路设计。

6.2.1 计数器

在数字电路领域，计数器是一种能够精准记录输入脉冲数量的关键元件，它在时序逻辑电路中广泛应用，其功能还可灵活应用于分频、精确定时、生成节拍脉冲与脉冲序列等方面，也可扩展至执行数字运算等多种复杂任务。其种类繁多，满足不同设计需求，是数字电路中不可或缺的常用组件。

1. 二进制加法计数器

74LS161 是具有异步清零端的四位同步二进制加法计数器，也称为同步十六进制加法计数器，计数范围是 0～15。图 6.2 所示为 74LS161 的逻辑符号，其中 CP 是时钟脉冲输入端，上升沿有效；$\overline{LD}$ 是低电平有效的同步置数控制端；$\overline{R}_D$ 是低电平有效的异步清零控制端；EP 和 ET 是两个高电平有效的使能输入端；D_0～D_3 是预置数据输入端；Q_0～Q_3 是计数值输出端；C 是进位输出端。74LS161 的功能表如表 6-1 所示，由该表可知 74LS161 有以下功能：

(1)异步清零功能：当 $\overline{R}_D=0$ 时，计数器直接置零，输出为 $Q_3Q_2Q_1Q_0=0000$，此时不响应 CP 的有效脉冲信号。

(2)同步并行置数功能：当 $\overline{R}_D=1$、$\overline{LD}=0$ 时，在时钟脉冲 CP 上升沿的触发下输出端被 D_0～D_3 直接置数，即 $Q_3Q_2Q_1Q_0=D_3D_2D_1D_0$。

(3)保持功能：当 $\overline{R}_D=\overline{LD}=1$，且 EP=0 或 ET=0 时，则计数器保持原来的状态不变。

(4)计数功能。当 $\overline{R}_D=\overline{LD}=EP=ET=1$，且 CP 端有脉冲输入时，计数器进行二进制加法计数。

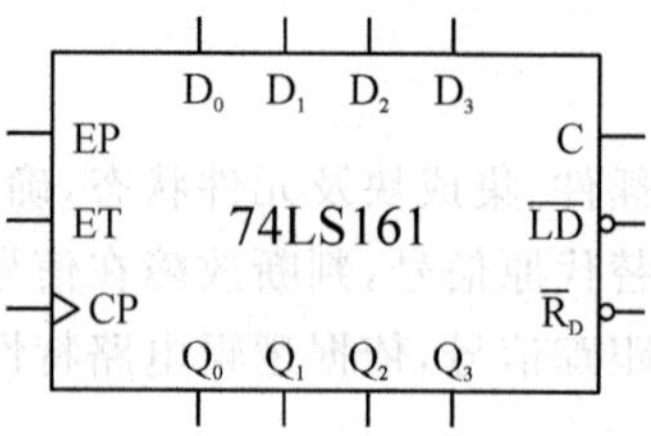

图 6.2 74LS161 逻辑符号

表 6-1 74LS161 的功能表

CP	$\overline{R}_D$	$\overline{LD}$	EP	ET	工作状态
×	0	×	×	×	置 0(异步)
↑	1	0	×	×	预置数(同步)
×	1	1	0	1	保持(包括 C)
×	1	1	×	0	保持(C=0)
↑	1	1	1	1	计数

2. 十进制加法计数器

74LS160 是典型的中规模集成同步十进制加法计数器。其中，CP 是时钟脉冲输入端，上升沿有效；$\overline{LD}$ 是低电平有效的同步置数控制端；$\overline{R}_D$ 是低电平有效的异步清零控制端；EP 和 ET 是两个计数使能输入端；$D_0 \sim D_3$ 是并行数据输入端；$Q_0 \sim Q_3$ 是计数值输出端；C 是进位信号输出端。74LS160 逻辑符号和功能表与 74LS161 相同，在保持和计数功能方面有微小差异，计数功能按照 8421BCD 码的规律进行十进制加法计数，进位输出 $C = Q_3Q_0$。

3. N 进制计数器

实际应用中采用的进制方式多种多样，以万年历为例，其由十进制、六十进制、二十四进制、三百六十五进制构成。这些任意 N 进制的计数器的计数原理与二进制、十进制计数的原理相同，因此可由基本的二进制、十进制集成计数器构建。

在设计 N 进制计数器时常采用的方法有清零法、置数法、级联法等。当 N 小于集成计数器本身的计数进制时，可通过清零/置数方法采用单片计数器。当 N 大于单片集成计数器时，可将多片集成计数器级联，再结合清零/置数方法。

1)六进制计数器

常用 74LS160 实现六进制计数器的设计。图 6.3 是用十进制计数器 74LS160 结合异步清零法构成的六进制计数器。清零法的特点是给置数端送入无效信号（这里是 $\overline{LD}=1$），清零端（这里是直接清零端 $\overline{R}_D$）送入控制信号。当计数器计数到十进制数为 6 时，输出端 $Q_3 \sim Q_0 = 0110$，这些电平信号经过由非门和与非门构成的组合逻辑电路输出低电平 0，加到异步清零端 $\overline{R}_D$（也可以仅取其中的 Q_2、Q_1 高电平为 1 时通过与非门输出低电平 0），使计数器回到初始 0 状态，并开始下一个计数循环。在该电路中，当出现 0110 时计数器马上清零，因此该状态的存在极为短暂，使该计数器能保存稳定的循环状态为 0000 至 0101，实现六进制计数功能。

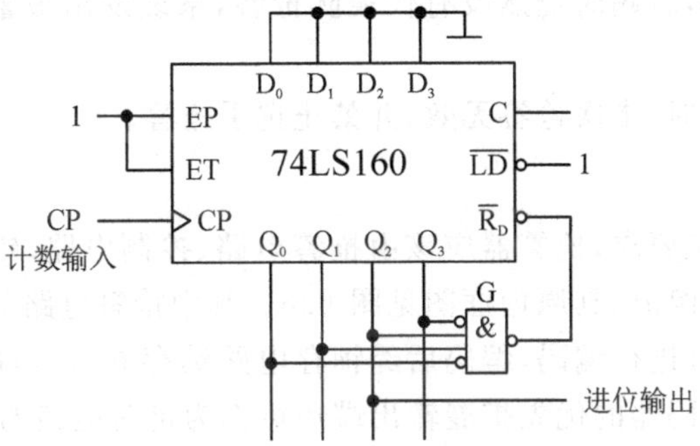

图 6.3　74LS160 异步清零法构成六进制计数器

2)一百进制计数器

图 6.4 为由两片 74LS160 级联构成的一百进制同步加法计数器。设计原理是先用一片 74LS160 构成十进制计数器，并用十进制产生的进位作为另一片 74LS160 计数的控制信号，构成百进制计数。74LS160(1)为十进制计数器，74LS160(2)为百进制位片，两个芯片的置零/置数端都接无效信号（高电平 1）。当 74LS160(1)未产生进位时 C=0，74LS160(2)的 ET=EP=0，74LS160(2)处于保持状态，不计数；74LS160(1)计数计满后产生进位，输出 $Q_3 \sim Q_0 = 0000$，C=1，74LS160(2)的 ET=EP=1，74LS160(2)开始计数；接下来，CP 再来一个脉冲，74LS160(1)，输出 $Q_3 \sim Q_0 = 0001$，C=0，74LS160(2)的 ET=EP=0，74LS160(2)再次处于保持状态，

不计数。依次循环下去实现一百进制,其中74LS160(1)的输出端构成百进制中低4位输出,74LS160(2)的输出端构成百进制中高4位输出,整体计数结果从0000 0000至1001 1001。

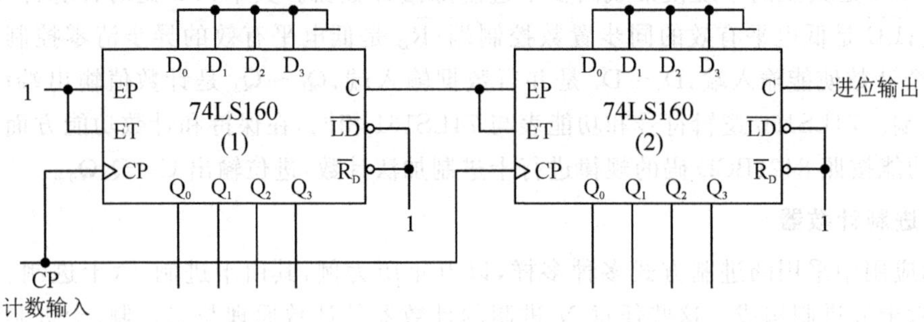

图6.4 两片74LS160级联构成一百进制计数器

6.2.2 智力抢答器设计

抢答器作为一种电子产品,广泛应用于各种智力和知识竞赛场合。简易逻辑数字抢答器具有电路简单、元件普遍、易于购买等优点。

1.设计任务和要求

设计一个8路智力竞赛抢答器,具体设计要求如下。

(1)设计一个8路竞赛抢答器供8组参赛选手使用,每组有一个抢答按钮。

(2)主持人用开关控制系统的清零和抢答开始。

(3)参赛者按抢答按钮后,该组指示灯亮并显示出组别。同时电路应具备自锁功能,使别组的抢答开关不起作用。

(4)抢答时限为30 s,若超时仍然没有代表队抢答,系统发出报警提示。抢答时间采用倒计时,由数码管显示。

(5)30 s内无人抢答时,本次抢答无效,并禁止选手抢答。

2.设计原理框图

分析设计任务和功能要求,抢答器应该由抢答电路、控制电路、锁存电路、译码电路、显示电路、定时电路等几部分组成,其原理框图见图6.5。其中抢答电路的作用是在外加信号的控制下对抢答者的输入信号进行编码,编码后经锁存电路锁存并送入译码显示电路显示出抢答者的编号。另外,优先编码器的优先扩展输出端还可作为定时电路的控制信号,即当一个抢答者在30 s之内按下抢答按钮时,则其余人的抢答输入将无效,并且秒计数器也随之停止计数。当主持人按下开始按钮时,外部清除/起始信号进入门控电路,产生编码选通信号,使编码器开始工作,等待数据输入。此时一旦抢答者按下按钮,则产生的低电平信号立即被优先编码器编码,经过锁存电路锁存并通过显示译码器在LED显示器上显示相应数字,同时发出声音报警。同时,将编码器的优先扩展输出端引回门控电路,使门控电路的输出反相,优先编码电路被禁止工作,直到主持人再次按下开始按钮才进入下一次抢答。

3.单元电路设计

1)抢答器电路原理图设计

抢答器电路原理图如图6.6所示。电路选用优先编码器74LS148和锁存器74LS279来

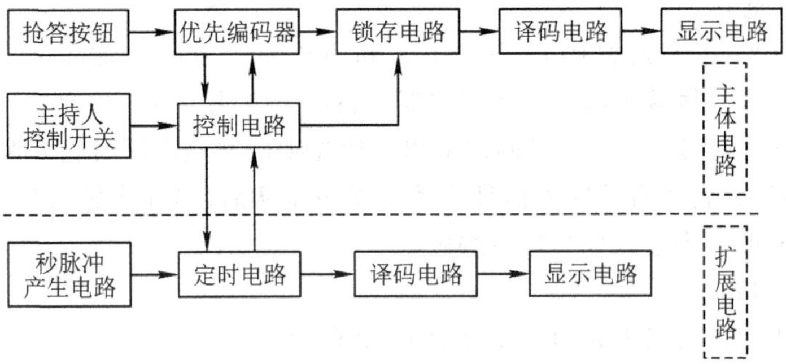

图 6.5　抢答器的原理框图

完成。该电路主要完成两个功能：一是分辨出选手按键的先后，并锁存优先抢答者的编号，同时译码电路、显示电路显示编号（74LS48 为译码器，显示电路采用七段数字数码显示管）；二是禁止其他选手按键，其按键操作无效。

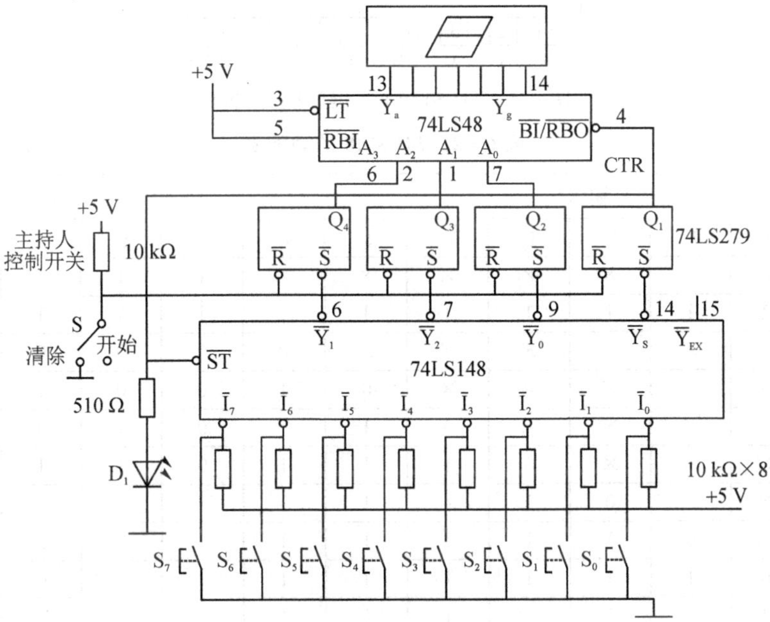

图 6.6　抢答器电路原理图

工作过程：开关 S 置于“清除”端时，RS 触发器的 R、S 端均为 0，4 个触发器输出置 0，使 74LS148 的优先编码片输入端（图中 5 号端）＝0，使之处于工作状态。当开关 S 置于“开始”时，抢答器处于等待工作状态，当有选手将抢答按键按下时（如按下 S_5），74LS148 的输出经 RS 锁存后，CTR＝1，$\overline{RBO}$（图中 4 端）＝1，七段显示电路 74LS48 处于工作状态，$Q_4Q_3Q_2$＝101，经译码显示为“5”。此外，CTR＝1，使 74LS148 优先编码片输入端（图中 5 号端）＝1，处于禁止状态，封锁其他按键的输入。当按键松开时，由于仍为 CTR＝1，使优先编码片输入端（图中 5 号端）＝1，所以 74LS148 仍处于禁止状态，确保不会出现二次按键时输入信号，保证了抢答者的优先性。如有再次抢答需由主持人将 S 开关重新置“清除”，然后再进行下一轮抢答。

2)编码、锁存电路

编码、锁存电路由优先编码器 74LS148 和 RS 锁存器 74LS279 组成。优先编码器 74LS148 是 8 线输入 3 线输出的二进制编码器(简称 8—3 线二进制编码器),其作用是将输入 I_0～I_7 这 8 个状态分别编成 8 个二进制码输出。优先编码器允许同时输入两个以上的编码信号,不过在优先编码器将所有的输入信号按优先顺序排队后,当几个输入信号同时出现时,只对其中优先权最高的一个输入信号进行编码。

(1)74LS148 编码器。

74LS148 引脚图和功能表如图 6.7 和表 6-2 所示。

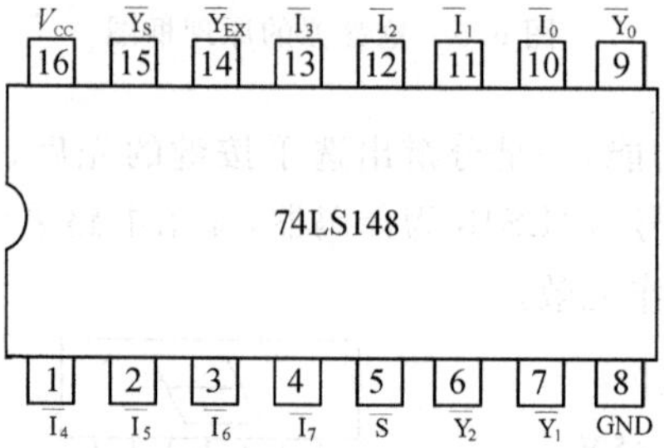

图 6.7　74LS148 8-3 线优先编码器

表 6-2　74LS148 的功能表

输入									输出				
$\overline{S}$	$\overline{I_0}$	$\overline{I_1}$	$\overline{I_2}$	$\overline{I_3}$	$\overline{I_4}$	$\overline{I_5}$	$\overline{I_6}$	$\overline{I_7}$	$\overline{Y_2}$	$\overline{Y_1}$	$\overline{Y_0}$	$\overline{Y_S}$	$\overline{Y_{EX}}$
1	×	×	×	×	×	×	×	×	1	1	1	1	1
0	1	1	1	1	1	1	1	1	1	1	1	0	1
0	×	×	×	×	×	×	×	0	0	0	0	1	0
0	×	×	×	×	×	×	0	1	0	0	1	1	0
0	×	×	×	×	×	0	1	1	0	1	0	1	0
0	×	×	×	×	0	1	1	1	0	1	1	1	0
0	×	×	×	0	1	1	1	1	1	0	0	1	0
0	×	×	0	1	1	1	1	1	1	0	1	1	0
0	×	0	1	1	1	1	1	1	1	1	0	1	0
0	0	1	1	1	1	1	1	1	1	1	1	1	0

(2)74LS279 锁存器。

74LS279 芯片具有锁存器的功能,其内部是由 4 个 JK 触发器组成的。当有一个人优先抢答后其他人就不能抢答了;如果抢答,虽然有电平输入,但是输入的电平保持状态不变。其引脚如图 6.8 所示,功能如表 6-3 所示。

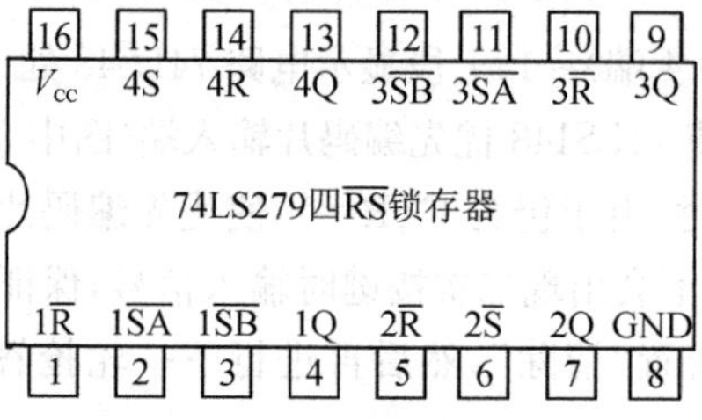

图 6.8　74LS279 引脚图

表 6-3　74LS279 锁存器功能表

输入			输出
$\overline{S}_1$	$\overline{S}_2$	$\overline{R}$	Q
0	0	0	1
0	×	1	1
×	0	1	1
1	1	0	0
1	1	1	没改变

3)译码、显示电路

译码电路由 74LS48 组成。译码是编码的逆过程，其任务是恢复编码的意愿。按内部连接方式不同，七段数字显示器分为共阴极和共阳极两种。

74LS48 芯片是一个十进制(BCD)译码器，可用来驱动共阴极的发光二极管显示器。74LS48 的内部有升压电阻，因此无须外接电阻(可直接与显示器相连接)。74LS48 的引脚如图 6.9 所示，功能如表 6-4 所示。其中，A_3、A_2、A_1、A_0 为 8421BCD 码输入端，a～g 为七段译码输出端。

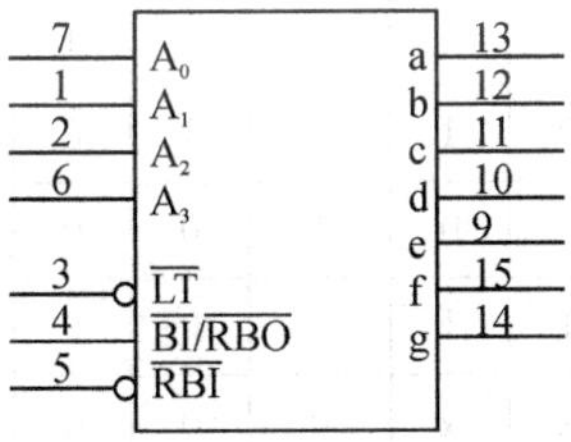

图 6.9　74LS48 的引脚排列

常用的显示器件是半导体数码管，它将十进制数码分成七个字段，每段为一发光二极管。半导体数码管(或称 LED 数码管)的基本单元是 PN 结，目前较多采用磷砷化镓做成的 PN 结，当外加正向电压时，就能发出清晰的光线。单个 PN 结可以封装成发光二极管，多个 PN 结可以按分段式封装成半导体数码管，其引脚排列如图 6.10 所示。

4)定时电路设计

定时电路主要由 555 定时器秒脉冲产生电路、十进制同步加法计数器、74LS192 减法计数电路、74LS48 译码电路和两个七段数码管即相关电路组成，如图 6.11 所示。两块 74LS192 实现减法计数，通过译码电路 74LS48 显示到数码管上，其时钟信号由时钟产生电路提供。74LS192 的预置数控制端实现预置数，设定一次抢答的时间，通过预置时间电路对计数器进行预置，计数器的时钟脉冲由秒脉冲电路提供。按键弹起后，计数器开始减法计数工作，并将时间显示在共阴极七段数码显示管 DPY7-SEG 上，当有人抢答时，停止计数并显示此时的倒计时时间；如果没有人抢答，且倒计时时间到时，BO 输出低电平到时序控制电路，以后选手抢答无效。下面具体介绍一下标准秒脉冲产生电路的原理。图 6.11 中 555 定时器秒脉冲产生电路中的电容 C 的放电时间和充电时间分别为

表 6-4 74LS48 的功能表

十进制数或功能	输入						$\overline{BI}/\overline{RBO}$	输出							备注
	$\overline{LT}$	$\overline{RBI}$	A_3	A_2	A_1	A_0		a	b	c	d	e	f	g	
0	1	1	0	0	0	0	1	1	1	1	1	1	1	0	1
1	1	x	0	0	0	1	1	0	1	1	0	0	0	0	
2	1	x	0	0	1	0	1	1	1	0	1	1	0	1	
3	1	x	0	0	1	1	1	1	1	1	1	0	0	1	
4	1	x	0	1	0	0	1	0	1	1	0	0	1	1	
5	1	x	0	1	0	1	1	1	0	1	1	0	1	1	
6	1	x	0	1	1	0	1	0	0	1	1	1	1	1	
7	1	x	0	1	1	1	1	1	1	1	0	0	0	0	
8	1	x	1	0	0	0	1	1	1	1	1	1	1	1	
9	1	x	1	0	0	1	1	1	1	1	0	0	1	1	
10	1	x	1	0	1	0	1	0	0	0	1	1	0	1	
11	1	x	1	0	1	1	1	0	0	1	1	0	0	1	
12	1	x	1	1	0	0	1	0	1	0	0	0	1	1	
13	1	x	1	1	0	1	1	1	0	0	1	0	1	1	
14	1	x	1	1	1	0	1	0	0	0	1	1	1	1	
15	1	x	1	1	1	1	1	0	0	0	0	0	0	0	
BI	x	x	x	x	x	x	0	0	0	0	0	0	0	0	2
RBI	1	0	0	0	0	0	0	0	0	0	0	0	0	0	3
LT	0	x	x	x	x	x	1	1	1	1	1	1	1	1	4

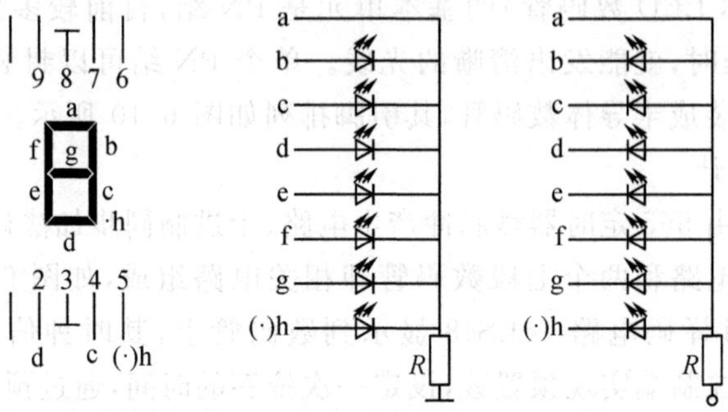

(a) 半导体显示器引脚排列图　(b) 共阴极接线图　(c) 共阳极接线图

图 6.10　七段显示器引脚

$$t_1 = R_2 C\ln 2 \approx 0.7R_2C \tag{6-1}$$

$$t_2 = (R_1+R_2)C\ln 2 \approx 0.7(R_1+R_2)C \tag{6-2}$$

于是从 NE555 的 3 端输出的脉冲的频率为

$$f=\frac{1}{t_1+t_2}\approx\frac{1.43}{(R_1+2R_2)C} \tag{6-3}$$

结合实际经验及考虑到元器件的成本，选择电阻值为 $R_1=15\ \text{k}\Omega$，$R_2=68\ \text{k}\Omega$，$C=10\ \mu\text{F}$，代入上式中即得 $f\approx 1\ \text{Hz}$，即秒脉冲。

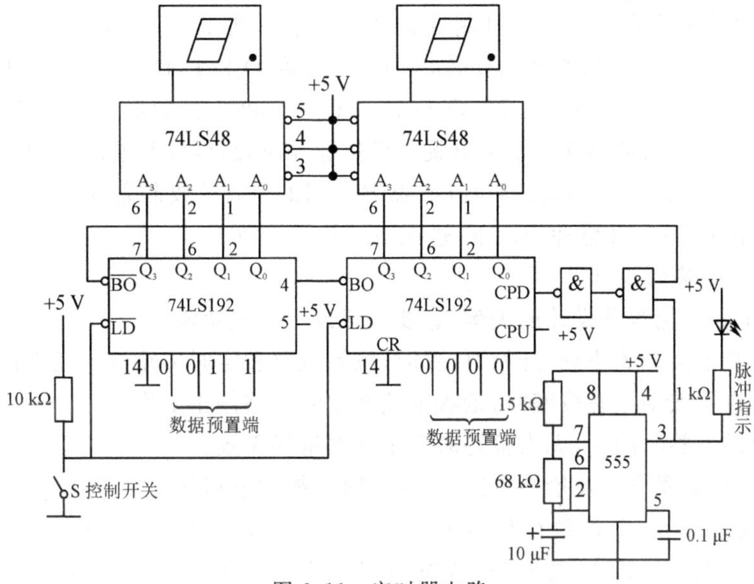

图 6.11　定时器电路

对计数器进行预置是通过 74LS192 芯片来实现的，74LS192 的引脚图和功能表如图 6.12 和表 6-5 所示。

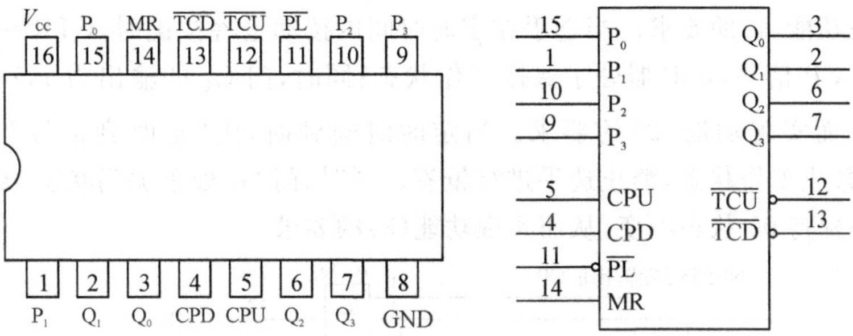

(a) 引脚排列　　(b) 逻辑符号

图 6.12　74LS192 的引脚图

表 6-5　74LS192 功能表

输入								输出			
MR	$\overline{PL}$	CPU	CPD	P_3	P_2	P_1	P_0	Q_3	Q_2	Q_1	Q_0
1	×	×	×	×	×	×	×	0	0	0	0
0	0	×	×	d	c	b	a	d	c	b	a
0	1		1	×	×	×	×	加计数			
0	1	1		×	×	×	×	减计数			

图 6.12 中,$\overline{TCU}$ 是加计数进位输出端,当加计数到最大数值时,$\overline{TCU}$ 发出一个低电平信号(平时为高电平);$\overline{TCD}$ 为减计数借位输出端,当减计数到 0 时,$\overline{TCD}$ 发出一个低电平信号(平时为高电平),$\overline{TCU}$ 和 $\overline{TCD}$ 负脉冲宽度等于时钟低电平宽度。

关于 74LS192 的预置数按照如下方法计算。根据要求使用两片 74LS192 的异步置数功能构成三十进制减法计数器。三十进制计数器的预制数为 $N=(0011\ 0000)_{8421BCD}=(30)_D$。74LS192(1)计数器从 0011 状态开始计数,因此,就应取 $D_3D_2D_1D_0=0011$。74LS192(2)是计数器从 0000 状态开始计数,那么,就应取 $D_3D_2D_1D_0=0000$。计数脉冲从 CPD 端输入。它的计数原理是,每当计数器的 BO 端发出负跳变借位脉冲时,高位计数器减 1 计数。当高位计数器处于全 0,同时在 CPD=0 期间,高位计数器 BO=LD=0,计数器完成异步制数,之后 BO=LD=1,计数器在 CPD 时钟脉冲作用下,进入下一轮减计数。

5)时序控制电路的设计

时序控制电路是抢答器设计的关键,它要完成以下三项功能。

(1)主持人将控制开关拨到“开始”位置时,抢答电路和定时电路进入正常抢答工作状态。

(2)当参赛选手按动抢答按键时,抢答电路和定时电路停止工作。

(3)当设定的抢答时间到,无人抢答时表示此次抢答无效。

根据上面的功能要求以及抢答电路,设计的时序控制电路如图 6.13 所示。图中,与门 G_1 的作用是控制时钟信号 CP 的放行与禁止,与非门 G_2 的作用是控制 74LS148 的输入片选端。工作原理是:主持人将开关从“清除”位置拨到“开始”位置时,来自于图 6.9 的 74LS279 的输出 Q1,即 CTR=0,经 G_3 反相,输出为 1,则 NE555 产生的时钟信号 CP 能够加到 74LS192 的 CPD 时钟输入端(图中用 CLCK 表示接入 74LS192 CPD 端的信号),定时电路进行递减计时。同时,在定时时间未到时,则“定时到信号”为 1,门 G_2 的输出为 0,使 74LS148 处于正常工作状态,从而实现功能(1)的要求。当选手在定时时间内按动抢答按键时,CTR=1,经 G_3 反相,输出为 0,封锁 CP 信号,定时器处于保持工作状态;同时,门 G_2 的输出为 1,74LS148 处于禁止工作状态,从而实现功能(2)的要求。当定时时间到时,则“定时到信号”为 0,$\overline{ST}=1$,74LS148 处于禁止工作状态,禁止选手进行抢答。同时,门 G_1 处于关门状态,封锁时钟 CP 信号,使定时电路保持 00 状态不变,从而实现功能(3)的要求。

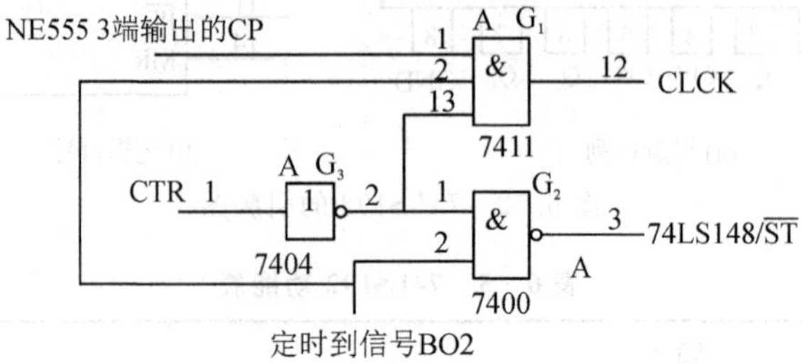

图 6.13 时序控制电路

6.2.3 数字电子钟设计

数字电子钟是一种用数字显示秒、分、时、周的计时装置,与传统的机械钟相比,它具有走时准确、显示直观、无机械传动装置等优点,因而得到了广泛的应用。

1. 设计任务及要求

本设计要求用中、小规模集成电路设计一台能显示周、时、分、秒的数字电子钟，具体要求如下：

(1)由晶振电路产生 1 Hz 标准秒信号。

(2)秒、分为 00～59 六十进制计数器。

(3)时为 00～23 二十四进制计数器。

(4)周显示从 1～日为七进制计数器。

(5)可手动校时：能分别进行秒、分、时、周的校时。只要将开关置于手动位置，可分别对秒、分、时、周进行手动脉冲输入调整或连续脉冲输入的校正。

(6)整点报时。整点报时电路要求在每个整点前鸣叫五次低音(500 Hz)，整点时再鸣叫一次高音(1000 Hz)。

2. 设计方案选择

根据设计任务的要求，将任务分解为若干个单元模块，并画出能完成各个模块功能的整机设计原理框图，完成系统的功能设计框图。框图应能正确反映系统各部分的功能和完成的任务，清楚表示系统的基本组成和相互关系。

首先根据数字电子钟的设计任务和要求，将其分解为以下几个部分：石英晶体振荡器和分频器组成秒脉冲发生器、校时电路、六十进制秒计数器、六十进制分计数器、二十四进制(或十二进制)时计数器、七进制周计数器以及秒、分、时、周的译码显示部分等，系统框图如图 6.14 所示。

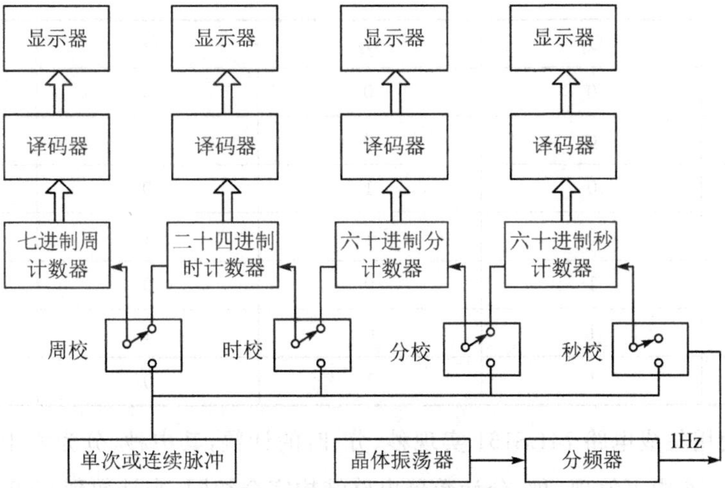

图 6.14　数字电子钟框图

3. 单元电路设计与分析

根据系统指标，对照数字电子钟的框图，明确各部分任务，进行单元电路的设计，并计算参数,进行器件选择。这里分别按照框图中的模块进行设计和调试,之后将各个模块按照逻辑功能连接在一起,完成整个设计。

1)秒脉冲发生器

秒脉冲发生器是数字电子钟的核心部分,其精度和稳定性决定数字电子钟的质量。通常用晶体振荡器发出的脉冲经过整形、分频获得 1 Hz 的秒脉冲。如晶振为 32768 Hz,经过 15 次二分频后可获得 1 Hz 的秒脉冲输出。秒脉冲发生器的电路如图 6.15 所示。

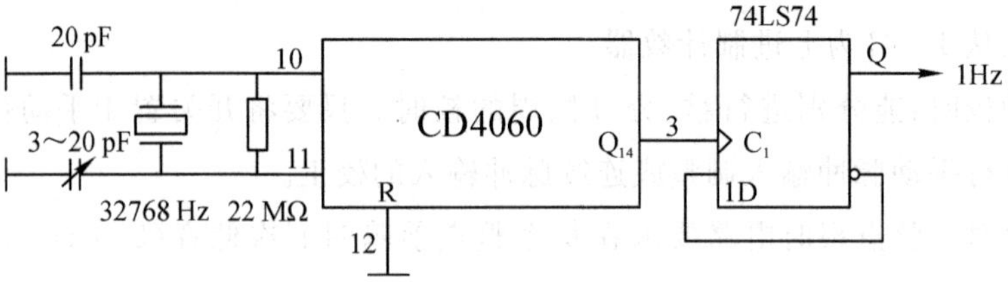

图 6.15　秒脉冲发生器

2)计数译码显示

秒、分、时、周分别为六十、六十、二十四和七进制计数器。秒、分计数器显示范围为 00~99,其个位为十进制,十位为六进制。时数器显示范围为 00~23,其个位为十进制,十位为二进制,并当十位计到 2,个位计到 4 时,时计数器清零,这样,就实现了 24 进制。

周计数器为七进制,一周的显示分别为星期"日、1、2、3、4、5、6",周计数器应根据译码显示器的状态表来进行显示(日用数字 8 代替)。如表 6-6 所示。

表 6-6　周计数器译码显示状态表

Q_4	Q_3	Q_2	Q_1	显示
1	0	0	0	日
0	0	0	1	1
0	0	1	0	2
0	0	1	1	3
0	1	0	0	4
0	1	0	1	5
0	1	1	0	6

本设计中使用集成电路 74LS161 实现秒、分、时的计数,其中秒、分为六十进制,时为二十四进制。从图 6.16 中可发现,秒、分计数器电路结构完全相同,当计数到 59 时,再来一个脉冲变为 00,然后再从头开始计数。图中采用"异步清零"反馈到 CR 端,从而实现个位十进制,十位六进制的功能。

时计数器为二十四进制,当开始计数时,个位按十进制计数,十位按二进制计数,当计数到 23 时,再来一个脉冲变为 00,然后再从头开始计数。为了实现这一功能,图 6.16 中采用了十位的 2 和个位的 4 相“与非”后再清零。

周计数器电路是由 4 个 D 触发器组成的，其逻辑功能满足表 6-5，即当计数计到 6 后，再来一个脉冲，用 7 的瞬态将 $Q_4 \sim Q_1$ 分别置为“1000”，从而显示“日”（此处用数字 8 作为“日”显示）。

3）译码显示电路

译码显示采用共阴极 LED 数码管 LC5011-11 和译码器 74LS248，当然也可以选用共阳极数码管和译码器。

4）校正电路

在整个电路电源接通瞬间，由于电子钟秒、分、时、周显示为任意值，所以需要对电子钟进行校调。将开关置于手动位置，分别对秒、分、时、周进行单独计数。校调电子钟时计数器由单次脉冲或连续脉冲驱动。

5）单次、连续脉冲

单次、连续脉冲主要供手动校准电子钟使用。若开关 K_1 打在单次端，秒、分、时、周即可按单次脉冲进行校准。以周计数器为例，K_1 打在单次端，K_2 打在手动，则此时按下单次脉冲键，使周计数器从星期一到星期日计数。若开关 K_1 打在连续端，则校准时不需要按动单次脉冲，即可进行校正。单次、连续脉冲均由门电路构成。

6）整点报时电路

电子钟在每次到达整点的前 6 s，都需要报时。这可用译码电路来实现，即当分计数器为 59 且秒计数器为 54 时，输出一个延时高电平，并将延时高电平保持。到秒计数器为 58 时，结束延时高电平，打开低音与门，使得报时器按 500 Hz 频率鸣叫 5 声。而当秒计数器计到 59 时，则驱动高音 1 kHz 频率输出而鸣叫 1 声。

图 6.16 中，当分计数器计到 59 时，将分触发器 Q_H 置 1，等待秒计数器计到 54 时，将秒触发器 Q_1 置 1，然后通过 Q_H 和 Q_1 相“与”后，再和 1s 标准秒信号相“与”，将输出信号用来控制低音喇叭鸣叫，直至 59 s 时，产生一个复位信号，使得 Q_1 清零，停止低音鸣叫。同时 59 s 信号的反相又和 Q_H 相“与”后去控制高音喇叭鸣叫。当分、秒计数器从 59:59 到达 00:00 时，鸣叫结束，完成整点报时。

7）鸣叫电路

鸣叫电路由高、低两种频率通过或门去驱动一个三极管，带动喇叭鸣叫。高、低两种频率从晶振经分频后获得，如 CD4060 分频器的输出端 Q_5 和 Q_6 输出频率分别为 1 Hz 和 512 Hz。

4. 参考电路

根据设计任务和要求，给出数字电子钟逻辑电路参考图，如图 6.16 所示。

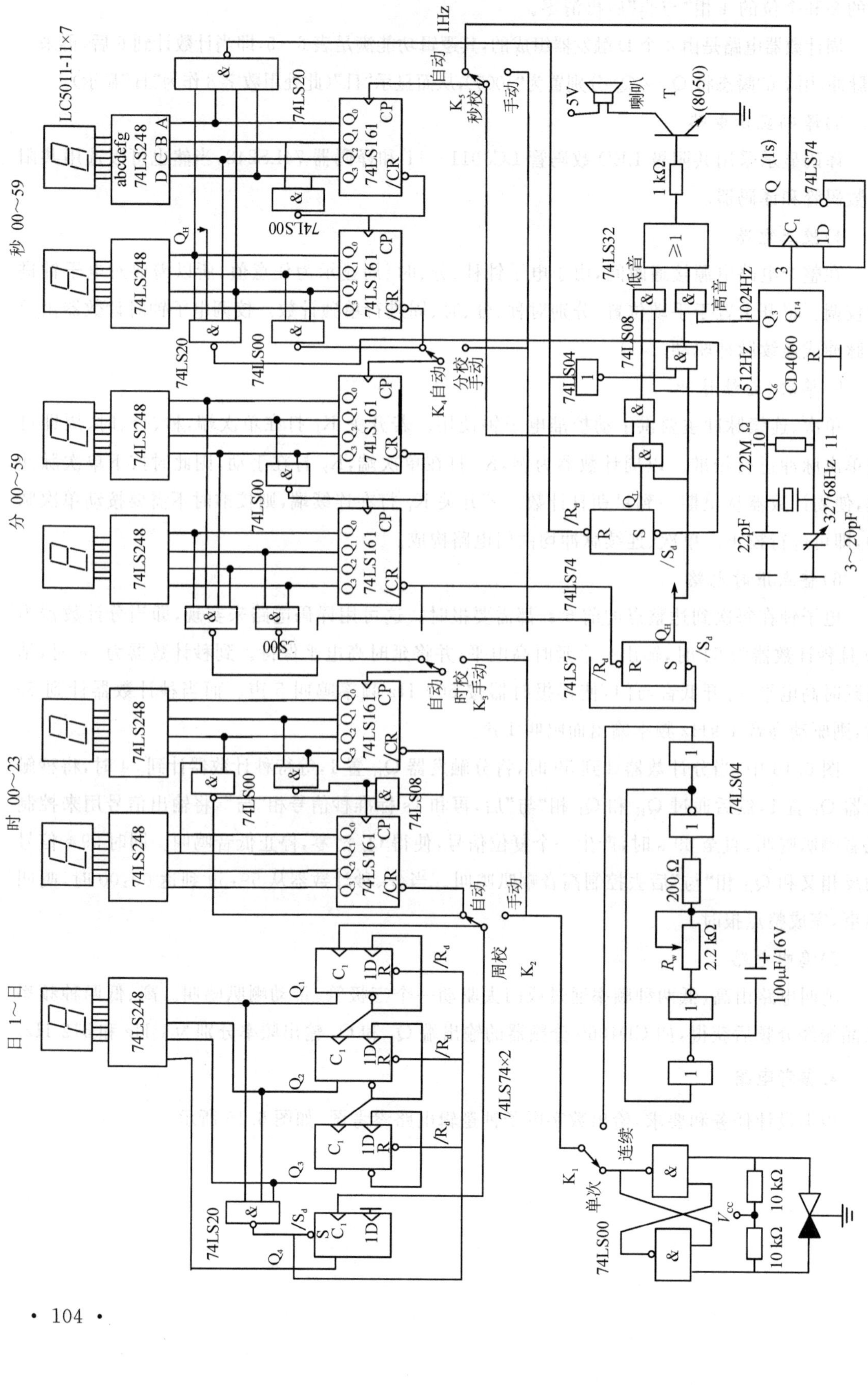

图 6.16 数字电子钟逻辑电路参考图

6.3　数字电路课程设计题目选编

6.3.1　交通灯控制电路

设计一个十字路口的交通信号灯控制器，要求东西方向和南北方向两条交叉道路上的车辆交替通行。设计要求如下：

(1)在十字路口的两个方向上各设置一组红、黄、绿信号灯，红灯表示禁止通行，黄灯表示准备禁止通行，绿灯表示可以通行，黄灯是间歇闪烁。

(2)每一个干道上设置通行时间为 15 s，在绿灯转为红灯时，要求黄灯先亮 3 s，以督促正在通过十字路口的车辆快速通过，并提示后来的车辆准备停车。

(3)设置一组数码管，以倒计时的方式显示允许通行时间，以便人们更直观地把握时间。

(4)可以手动控制和自动控制。当一个方向上出现特殊情况，要求无条件立即通行，可按下手动控制开关，使这个方向上长通行，倒计时停止。当特殊情况结束后，按下自动控制开关，恢复正常状态。

(5)根据上述要求选定设计方案，画出系统框图，写出详细的设计过程。

(6)画出完整的电路图，并列出所有的元件清单。

6.3.2　数字频率计

设计一种简单的、原理性的数字式频率测量专用仪器，可以测量多种形式的周期信号的频率。设计要求如下：

(1)设计一个用于测量电压 0.2～5V，频率 1～999 Hz 周期信号的数字频率计。

(2)能够对 4 类周期性信号进行测量：正弦波、三角波、锯齿波、方波。

(3)频率显示格式为 4 位十进制数，小数点自动定位，带单位指示灯。

(4)量程有 4 个档位，分别为×1、×10、×100、×1000 档。

(5)根据上述要求选定设计方案，画出系统框图，写出详细的设计过程。

(6)画出完整的电路图，并列出所有的元件清单。

6.3.3　光控计数器

设计一个利用光线的通断来统计进入实验室人数的光控计数器，设计要求如下：

(1)设计两路光控电路，一路放置在门外，另一路设置在门内，当有人通过门口时(无论是进入或走出房间)，都会先触发一个光控电路，再触发另一个光控电路。根据光控电路产生触发脉冲的先后顺序，判断人员是进入还是离开实验室，当有人进入实验室时令计数器进行加 1 计数，当有人离开实验室时进行减 1 计数。

(2)要求计数器的最大计数容量为 99，并用数码管显示数字。

(3)有手动复位(清零)功能。

(4)要求计数器每计一个数，发光二极管指示灯闪烁一次(或蜂鸣器鸣叫一次)。

(5)根据上述要求选定设计方案，画出系统框图，写出详细的设计过程。

(6)画出完整的电路图，并列出所有的元件清单。

6.3.4 峰值检测系统设计

峰值检测系统用来实现波形的毛刺捕捉或占空比信号的检测、冲击信号峰值检测。设计要求如下：

(1)用传感器和检测电路测量某建筑物的最大承受力。

(2)传感器的输出信号为0～5 mV,1 mV等效于400 kg。

(3)测量值用数字显示,显示范围为0000～1999。

(4)峰值电压保持稳定。

(5)根据上述要求选定设计方案,画出系统框图,写出详细的设计过程。

(6)画出完整的电路图,并列出所有的元件清单。

6.3.5 数字温度计

设计一个测试温度范围为0～100℃的数字温度计。设计要求如下：

(1)查阅资料选择合适的温度传感器。

(2)设计温度测量电路(确定温度与电压之间的转换关系)。

(3)设计温度显示电路(显示的数字应反映被测量的温度)。

(4)画出数字温度计电路图,读数范围为0～100℃,读数稳定。

(5)根据上述要求选定设计方案,画出系统框图,写出详细的设计过程。

(6)画出完整的电路图,并列出所有的元件清单。

6.3.6 密码电子锁

密码电子锁不仅可以完成锁的功能,还具有多种功能,如记忆、识别、报警、兼作门铃等。设计一个密码电子锁,设计要求如下：

(1)其密码为8位二进制代码,开锁指令为串行输入。

(2)当开锁输入码与密码一致时,锁被打开。

(3)当开锁输入码与密码不一致时,报警。报警鸣叫1 min,停10 s后再重复出现。

(4)报警器可以兼作门铃用,而门铃响的时间为10 s。

(5)根据上述要求选定设计方案,画出系统框图,写出详细的设计过程。

(6)画出完整的电路图,并列出所有的元件清单。

6.3.7 多路彩灯控制器

多路彩灯控制电路能够自动控制多路彩灯按不同的节拍循环显示各种灯光变换花型,在实际生活中具有非常广泛的应用。设计一个多路彩灯控制器,用发光二极管LED模拟彩灯,实现对8路彩灯的控制,设计要求如下：

(1)彩灯闪动频率有快慢两种。

(2)8路彩灯能演示五种花形(花形自拟)。

(3)彩灯采用发光二极管LED模拟。

(4)有复位清零开关。

(5)根据上述要求选定设计方案,画出系统框图,写出详细的设计过程。

(6)画出完整的电路图,并列出所有的元件清单。

6.3.8　拔河游戏机

设计一个模拟拔河游戏比赛的逻辑电路,设计要求如下:

(1)使用 15 个发光二极管模拟绳子,开机后仅中间那个发光二极管点亮。

(2)游戏双方各持有一个按键,按键按动一次,亮点移动一次。

(3)亮点移动的方向与按键快的一方一致。

(4)点亮的发光二极管移到任一方的终点时,该方就获胜,此后双方的按钮都应无作用,状态保持。

(5)当按动复位后,回到初始状态。

(6)用七段数码管显示双方的获胜盘数。

(7)根据上述要求选定设计方案,画出系统框图,写出详细的设计过程。

(8)画出完整的电路图,并列出所有的元件清单。

6.3.9　简易电话计时器的设计

设计一个简易电话计时器电路,设计要求如下:

(1)每 3 min 通话计时一次。

(2)数码管显示通话次数,最大 99 次。

(3)当电路发生走时误差时,有手动复位功能。

(4)每 3 min 通话,声音提醒。

(5)根据上述要求选定设计方案,画出系统框图,写出详细的设计过程。

(6)画出完整的电路图,计算元件参数并列出所有的元件清单。

6.3.10　温度测量与控制电路设计

在工农业生产和科学研究中,经常需要对某一系统的温度进行测量,并能自动地控制、调节该系统的温度。设计温度测量与控制电路,要求如下:

(1)被测温度和控制温度均可数字显示。

(2)测量温度为 0～120 ℃,精度为±0.50 ℃。

(3)控制温度连续可调,精度为±1 ℃。

(4)温度超过额定值时,产生声、光报警信号。

(5)根据上述要求选定设计方案,画出系统框图,写出详细的设计过程。

(6)画出完整的电路图,计算元件参数并列出所有的元件清单。

6.3.11　红外体温检测系统设计与仿真

设计一个基于红外传感器的体温检测系统,能够非接触式地测量人体温度,设计要求如下:

(1)实现体温数据的采集、处理和显示功能。

(2)根据上述要求选定设计方案,画出系统框图,写出详细的设计过程。

(3)画出完整的电路图,计算元件参数并列出所有的元件清单。

(4)使用 Multisim 仿真测试系统的测量精度和响应时间,确保系统能够准确快速地检测体温。

6.3.12 智能家居灯光控制系统设计与仿真

设计一个家中灯光的智能控制系统,设计要求如下:

(1)实现灯光的开关、亮度调节等功能。

(2)根据要求选定设计方案,画出系统框图,写出详细的设计过程。

(3)画出完整的电路图,计算元件参数并列出所有的元件清单。

(4)使用数字电路搭建,并进行 Multisim 仿真测试以验证系统的稳定性和响应速度。

6.3.13 数字化 PID 控制器设计与仿真

设计一个数字化 PID 控制器,用于实现对控制系统精确控制,设计要求如下:

(1)实现 PID 算法的数字实现、参数调整和性能优化。

(2)根据上述要求选定设计方案,画出系统框图,写出详细的设计过程。

(3)画出完整的电路图,计算元件参数并列出所有的元件清单。

(4)用 Multisim 仿真测试控制器的控制精度、稳定性和响应速度。

6.3.14 红外遥控解码器设计与仿真

设计一个红外遥控解码器,设计要求如下:

(1)能够接收并解码红外遥控器发出的信号。

(2)实现信号的捕获、解码和输出控制信号的功能。

(3)根据上述要求选定设计方案,画出系统框图,写出详细的设计过程。

(4)画出完整的电路图,计算元件参数并列出所有的元件清单。

(5)用 Multisim 仿真测试解码器的解码准确性和响应速度。

6.3.15 数字逻辑电路自动售货机设计与仿真

设计一个自动售货机控制系统,设计要求如下:

(1)能够接收用户输入并控制出货。

(2)实现商品选择、支付验证和出货控制等功能。

(3)根据上述要求选定设计方案,画出系统框图,写出详细的设计过程。

(4)画出完整的电路图,计算元件参数并列出所有的元件清单。

(5)用 Multisim 仿真测试系统的交互性、出货准确性和稳定性。

第 7 章　Multisim 14.0 软件及应用

电工电子技术是一门实践性很强的课程，重视实践教学是学好电工电子技术的必不可少的环节，而虚拟仿真又是实验室操作的一个重要的辅助手段。Multisim 是一款使用灵活、功能强大的电子仿真软件，利用 Multisim 可以实现计算机仿真设计与虚拟实验，与传统的电子电路设计与实验方法相比，具有极大优势。

Multisim 易学易用，便于电子信息、通信工程、自动化、电气控制类专业学生自学、开展综合性的设计和实验，有利于培养学生的综合分析能力、开发和创新能力。

7.1　Multisim 14.0 基本功能简介

7.1.1　Multisim 14.0 软件概述

NI Multisim 是美国国家仪器(NI)有限公司推出的以 Windows 系统为基础的仿真工具，适用于板级的模拟/数字电路的设计工作。Multisim 的前身为 EWB 软件，它以界面形象直观、操作方便、分析功能强大、简单易学等优点，早在 20 世纪 90 年代就在我国得到迅速推广。Multisim 包含电路原理图的图形输入、电路硬件描述语言输入方式，具有强大的仿真分析能力，可以进行电路分析、模拟电路、数字电路、高频电路、电力电子、自控原理等各个方面的虚拟仿真。

Multisim 是一个完整的设计工具系统，提供了庞大的元件数据库，并提供原理图输入接口、全部的数模 SPICE 仿真功能、VHDL/Verilog 设计接口与仿真功能、FPGA/CPLD 综合、RF 射频设计能力和后处理功能，还可以进行从原理图到 PCB 布线工具包(如 EWB 的 Ultiboard)的无缝数据传输。

使用 Multisim 可交互式地搭建电路原理图，并对电路进行仿真。Multisim 提炼了 SPICE 仿真的复杂内容，使用者无需懂得深入的 SPICE 技术就可以很快地进行捕获、仿真和分析新的设计，使其更适合电子学教育。通过 Multisim 和虚拟器技术，使用者可以完成从理论到原理图捕获与仿真，再到原型设计和测试这样一个完整的综合设计流程。

2015 年 Multisim 14.0 面世，该版本进一步增强了强大的仿真技术，推出了很多专业设计特性，可帮助教学、科研和设计人员分析模拟数字和电力电子场景。新增的功能包括全新的主动分析模式、iPad 版 Multisim、全新的 MPLAB 应用程序、新嵌入式硬件的集成以及通过用户可定义的模板简化设计。下面将对 Multisim 14.0 的基本功能与基本操作进行简单的介绍。

7.1.2　Multisim 14.0 的基本操作界面

Multisim 14.0 主工作界面如图 7.1 所示，软件以图形界面为主，采用菜单、工具栏和热键相结合的方式，具有一般 Windows 应用软件的界面风格。Multisim 14.0 主工作界面主要有菜单栏、常用工具栏、元器件工具栏、主要工具栏、仿真工具栏、探针工具栏、浏览工具栏、仪器库工具栏、设计工具箱、电路编辑窗口和电子表格视图等组成,模拟了一个实际的电子工作台。

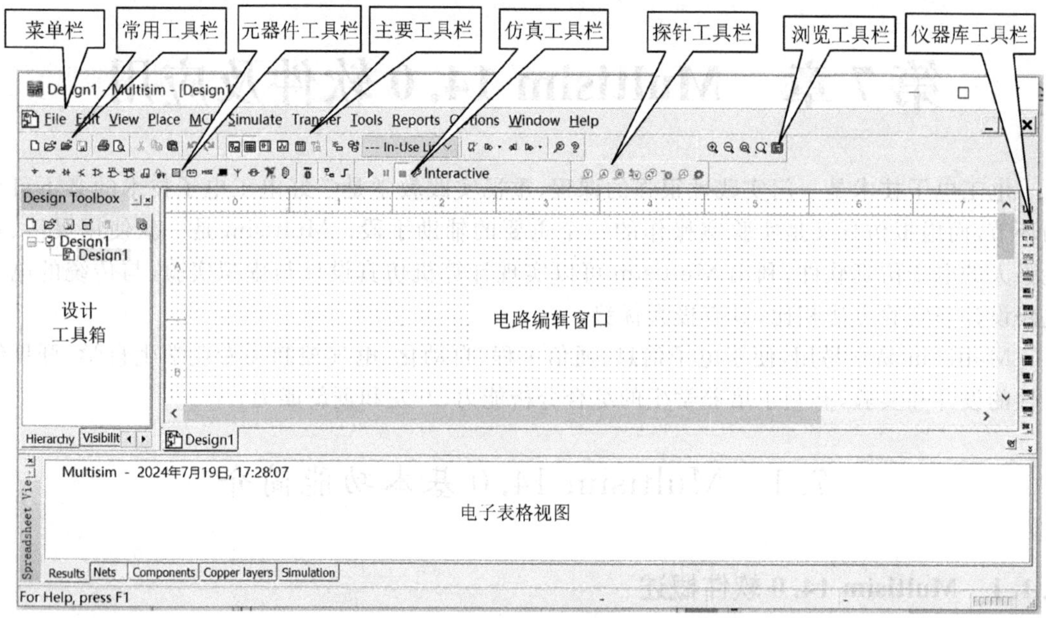

图 7.1 Multisim 14.0 主工作界面

1. 菜单栏

Multisim 14.0 菜单栏与所有 Windows 应用程序类似,主菜单中提供了软件几乎所有的功能命令。在每个主菜单下都有一个下拉菜单,用户可以从中找到电路文件的存取、SPICE 文件的输入和输出、电路图的编辑、电路的仿真与分析以及在线帮助等各项功能的命令。

菜单栏位于主工作界面的第二行,如图 7.2 所示,包括了 12 个子项。

图 7.2 菜单栏

(1)File:“文件”菜单,主要用于 Multisim 14.0 创建电路文件的管理,其命令与 Windows 中其他应用软件基本相同。包括新建、打开、关闭、存储、打印和调用等基本文件操作命令。此外,Multisim 14.0 增强了工程和设计的管理。

(2)Edit:“编辑”菜单,主要对电路窗口中的电路或者元器件进行删除、复制或选择等操作,如剪切、复制、粘贴、删除、查找、回退、重做、合并等基本的编辑操作命令。

(3)View:“视图”菜单,用于显示或隐藏电路窗口中的某些内容,如工具栏、栅格、纸张边界、元件库栏等,此外,还有放大缩小视图尺寸、设置各种显示元素等调整窗口视图的命令。

(4)Place:“放置”菜单,用于在电路窗口中放置元器件、节点、总线、文本、标注等常用的绘图元素。同时包括了创建新层次模块、层次模块替换、新建 PLD 子电路、新建 PLD 分层模块等层次化电路设计选项。

(5)MCU:“微控制器”菜单,包含与 MCU 调试相关的选项。

(6)Simulate:“仿真”菜单,提供与仿真相关的选项,如运行、暂停、分析和仿真、仪器、仿真设置等。

(7)Transfer:“文件转移”菜单,用于将所搭建电路及其分析结果传输或输出给其他应用程序,如 PCB、Ultiboard 和 Excel 等。其菜单下各命令的功能如下:

(8)Tools:“工具”菜单,提供元件和电路编辑、管理命令,可创建、编辑、复制、删除元器件,管理、更新元器件库等。

(9)Reports:“报表”菜单,用以产生当前电路的各种报告,如元器件清单、电路图的统计报告、备选电路报告等。

(10)Options:“选项”菜单,可对程序的界面和运行进行设置。

(11)Window:“窗口”菜单,包括与窗口显示相关的设置选项,如新建窗口、关闭窗口、窗口平铺层叠、调整窗口尺寸等,并列出所有打开的文件。

(12)Help:“帮助”菜单,为用户提供了在线技术帮助和使用指导命令,按下键盘上的 F1 键可以直接进入帮助。

2. 常用工具栏

常用工具栏如图 7.3 所示,主要为用户提供一些常用的文件操作快捷方式,以按钮图标的形式给出。各按钮的功能从左到右依次为新建文件、打开文件、打开设计实例、保存文件、打印电路、打印预览、剪切、复制、粘贴、撤销、恢复。

图 7.3　常用工具栏

3. 主要工具栏

主要工具栏包含 Multisim 的一般功能性按钮,使用它可进行电路的建立、仿真及分析,并最终输出设计数据等,完成对电路从设计到分析的全部工作,其中的按钮可以直接开关下层的工具栏,如图 7.4 所示。各按钮的功能从左到右依次为设计工具箱、电子表格视图、SPICE 网表查看器、图示仪、后处理器、母电路图、元器件向导、数据库管理、在用元器件列表、电气法则查验、转移到 Ultiboard、从文件反向注解、正向注解到 Ultiboard、查找范例和 Multisim 帮助。

图 7.4　主要工具栏

(1)设计工具箱:显示工程文件管理窗口,用于层次项目栏的开启。

(2)电子表格视图:用于开关当前电路的电子数据表,位于电路工作区下方,可以显示当前工作区所有元器件的细节并可进行管理。

(3)元器件向导:打开创建新元器件向导,用于调整或增加、创建新元器件仿真按钮[Run/Stop Simulation(F5)],用以开始、结束电路仿真。

(4)数据库管理:可开启数据库管理对话框,对元器件进行编辑。

4. 浏览工具栏

浏览工具栏如图 7.5 所示,包含了调整显示窗口的按钮。各按钮的功能从左到右依次为:放大、缩小、缩放区域、缩放页面、全屏功能。

图 7.5　浏览工具栏

5. 元器件工具栏

元器件工具栏是用户在电路仿真中可以使用的所有元器件符号库,它与 Multisim 14.0 的元器件模型库对应,共有 18 个分类库,如图 7.6 所示。每个库中放置着同型的元器件,元器件工具栏还包括放置层次电路和总线的命令。在取用其中的某一个元器件符号时,实质上是调用了该元器件的数学模型。

图 7.6　元器件工具栏

单击每个元器件组,都会显示出一个元器件组界面,各类元器件界面所展示的信息基本相似。以基本元器件组为例,说明该窗口的内容,如图 7.7 所示。

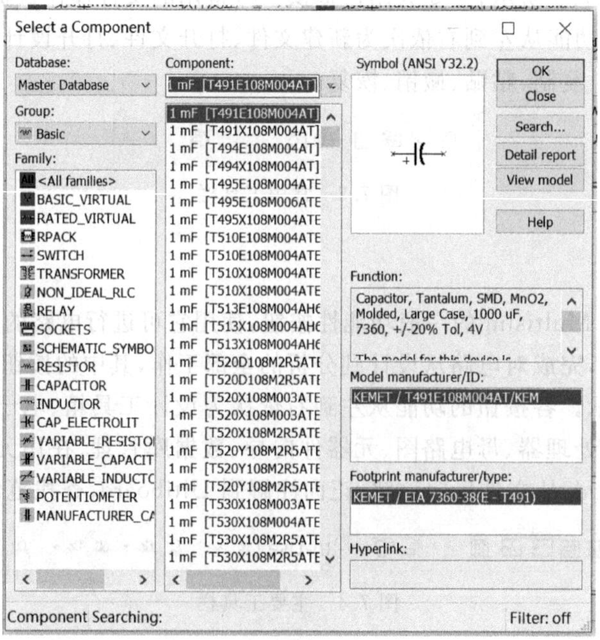

图 7.7　元器件组界面

在元器件组界面中,厂家提供的主数据库(Master Database)是默认的数据库(Database),如果希望从特定用户向厂家索取的数据库(Corporate Database)或者用户自定义的数据库(User Database)中选择一个元器件,必须单击数据库下拉菜单里的对应数据库(Database),再选择群(Group)和系列(Family)。

选择和放置元器件时,只需单击“Component”下拉列表框中相应的元器件组,然后从对话框中选择一个元器件,当确定找到了所要的元器件后,单击对话框中的“OK”按钮即可。如果要取消放置元器件,则单击“Close”按钮。元器件组界面关闭后,鼠标移到电路编辑窗口后将变成需要放置的元器件的图标,这表示元器件已准备被放置,单击鼠标左键即可完成放置元件。如果放置的元器件是由多个相同部分组成的复合元器件(通常针对集成电路),就会显示一个复合元器件放置对话框,从对话框中可以选择具体放置的部分。

如要对放置的元器件进行角度旋转,当拖动正在放置的元器件时,按住以下键即可进行相应操作。

(1)Ctrl＋R:元器件顺时针旋转 90°。

(2)Ctrl＋Shift＋R:元器件逆时针旋转 90°。

或者选中已经放置的元器件,单击鼠标右键进行相应操作。

元器件工作栏从左到右主要有:

电源库:包含电路所需的各种形式的电源、信号源和接地符号。注意电路必须含有接地端,否则仿真时就会出错。

基本元器件库:含实际元器件箱 16 个,虚拟元器件箱 2 个。包含电阻、电容、电感、变压器、开关、负载等。在选择元器件时,应该尽量到实际元器件箱中去选取,这不仅是因为选用实际元器件能使仿真更接近于实际情况,还因为实际的元器件都有元器件封装标准,可将仿真后的电路原理图直接转换成 PCB 文件。但在实际元器件库中找不到相应参数的元器件时,或者要进行温度扫描或参数扫描等分析时,就需要选用虚拟元器件了。

二极管库:含实际元器件箱 14 个,虚拟元器件箱 1 个。包含虚拟、普通、发光、稳压二极管、桥堆、晶闸管等。发光二极管共有 6 种颜色,不同发光颜色的二极管正向压降也各不相同,使用时要注意。

晶体管库:含实际元器件箱 20 个,虚拟元器件箱 1 个,包含双极型晶体管、场效应晶体管、复合晶体管、功率晶体管等元件。其中,20 个实际元器件箱中的元器件模型对应世界主要厂家生产的众多晶体管元器件,精度较高。另外一个带绿色背景的虚拟晶体管相当于理想晶体管,其参数具有默认值,也可在理想原件上右击鼠标打开其属性对话框,单击“Edit Model”按钮,在“Edit Model”对话框中对参数进行修改。

模拟集成电路库:含虚拟模拟器件、运算放大器、特殊功能放大器、仪表放大器、比较器等 10 类。

TTL 数字集成电路库:含 74 系列 TTL 数字集成元件。使用 TTL 元器件库时,器件逻辑关系可查阅相关手册或使用 Multisim 14.0 的帮助文件。有些器件是复合型结构,在同一个封装里有多个相互独立的对象,如 7400N,有 A、B、C、D 这 4 个功能完全相同的两输入与非门,可在选用器件时弹出的下拉列表框中任意选取。

CMOS 数字集成电路库:含 CMOS、74HC 和 Tinylogic 等 14 个系列。

其他数字器件库:包含集成的数字芯片,主要有虚拟 TIL、DSP、FPGA、PLD、微处理器、存储器等 13 个系列。

数模混合器件库:包含将数字电路和模拟电路集成在一起的集成芯片,主要有虚拟混合器件、模拟开关、计时器、数模/模数转换、多谐振荡器和传感器接口等。

指示器件库:含电压表、电流表、探针、蜂鸣器、指示灯、十六进制显示器、条形光柱等交互式元器件,是用来显示电路仿真结果的显示器件,用户可以在属性对话框设置其参数。

电源器件库:含电源控制器、开关、电压监视器、基准电压器件、LED 驱动器件、电机驱动器件、保护隔离装置、热网络等 17 类。

MISC 混合项器件库:包含不能明确归类的一些元器件,主要有变换器、光耦、晶体振荡器、传输线、滤波器、电子管等 15 类。

高级外围设备器件库:含键盘、LCD、终端和模拟外围设备。

射频元件库:提供一些适合高频电路的元器件,当信号处于高频工作状态时,电路元器件的模型要发生质的改变。对应的元器件系列有射频电容器、射频电感器、射频 NPN 晶体管、射频 PNP 晶体管、射频 N 沟道耗尽型 MOS 管、隧道二极管、带状线、铁氧体磁环等。

机电类器件库:包括机械装置、运动控制器、传感器、机械负载、触点、继电器线圈和保护装置等电工类元器件箱。

NI 元器件库:存放由 NI 公司自己开发的器件,既有虚拟器件,也有与之对应的实际器件。

接口元器件库:包含各种接口电路,如音视频接口、VGA 接口、电源接口、射频接口、I/O 信号接口、USB 接口等 11 类。

微处理器元件库:只有 8051 单片机、8052 单片机、PLC16 的少数模型和一些 ROM、RAM 存储器等。

设置层次栏按钮和放置总线按钮:单击层次块电路设置按钮可以选择并设置层次子电路;单击总线按钮可以放置总线元件。

6. 仿真工具栏

仿真工具栏提供仿真和分析电路的快捷工具按钮,包括运行、暂停、停止和活动分析功能按钮。

7. 探针工具栏

探针工具栏包含了在设计电路时放置的各种探针的按钮,还有探针设置按钮。

8. 仪器库工具栏

Multisim 14.0 提供 21 种用来对电路工作状态进行测试的仪器仪表。这些仪表的使用方法和外观与真实仪表相当,就像实验室使用的仪器。仪器库工具栏是进行虚拟电子实验和电子设计仿真又快捷又形象的特殊窗口。在仪器库中,除为用户提供实验室常用仪器仪表外,还有一类比较特殊的虚拟仪器——NI ELVIEmx 仪器,该仪器包含了 8 种实验室常用仪器,与 NI 公司的硬件——myDAQ 结合使用,可以通过 myDAQ 实现用 NI ELVIEmx 仪器测量实际的硬件电路的目的。关于仪器仪表的具体使用方法,请参见 7.2 节“Multisim 14.0 常用虚拟仪表”。

7.1.3 “设计工具箱”面板

“设计工具箱”面板如图 7.8 所示,位于工作界面左侧,主要用于层次电路的显示。起动软件,默认创建的“设计 1”以分层的形式显示出来。该面板显示 3 个选项卡,分别为“层级”“可见度”和“项目视图”选项卡。

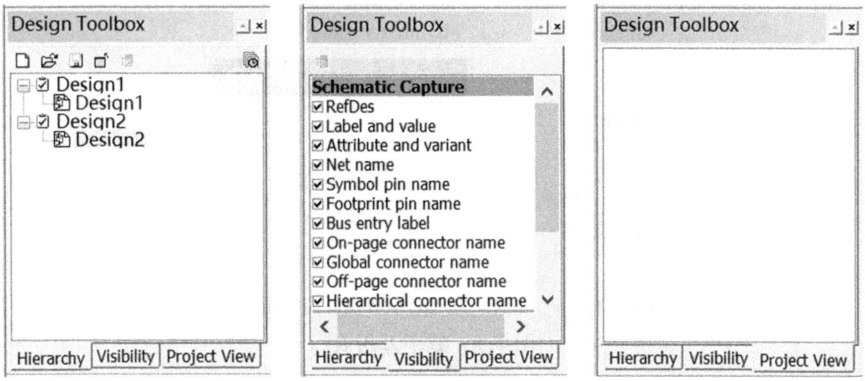

(a)“层级”选项卡　　(b)“可见度”选项卡　　(c)“项目视图”选项卡

图 7.8　设计工具箱

“层次”选项卡用于对不同电路进行分层显示,创建的“设计 2”以同样的分层方式显示。

“可见度”选项卡用于显示同一电路的不同页,包括“原理图攫取”和“固定注解”两个选项组,在这两个选项卡下勾选不同复选框,可在原理图中显示对应属性。反之,取消勾选该复选框,则不显示该属性。

“项目视图”选项卡用于显示同一电路的不同页。

7.2　Multisim 14.0 常用虚拟仪器

Multisim 14.0 中提供了 20 多种虚拟仪器,可以用来测量仿真电路的性能参数。这些仪器的参数设置、使用和数据读取方法大都与现实中的仪器一样,它们的外观也和实验室中的仪器相似。在 Multisim 14.0 中单击“Simulate”→“Instruments”后,便可以使用它们。下面介绍几种常用的虚拟仪器的使用方法。

7.2.1　数字万用表

数字万用表(Multimeter)可以用来测量交、直流的电压与电流、电阻以及电路中两节点间的电压损耗分贝等。其量程根据待测量参数的大小自动确定,其内阻和流过的电流可设置为近似的理想值,也可根据需要更改。

单击“Simulate”→“Instruments”→“Multimeter”后,有一个万用表虚影跟随鼠标移动到电路窗口的相应位置,单击鼠标,完成虚拟仪器的放置,如图 7.9(a)所示。双击该图标得到数字万用表参数设置控制界面,如图 7.9(b)所示。

参数设置控制面板分为 3 个区,从上到下依次为测量结果显示区、被测信号选择区、仪表参数设置区。面板的各个按钮的功能如下所述。

1. 被测信号选择区

通过选择  中的任意一项,实现被测信号的选取。

(1)A:测量对象为电流。

(2)V:测量对象为电压。

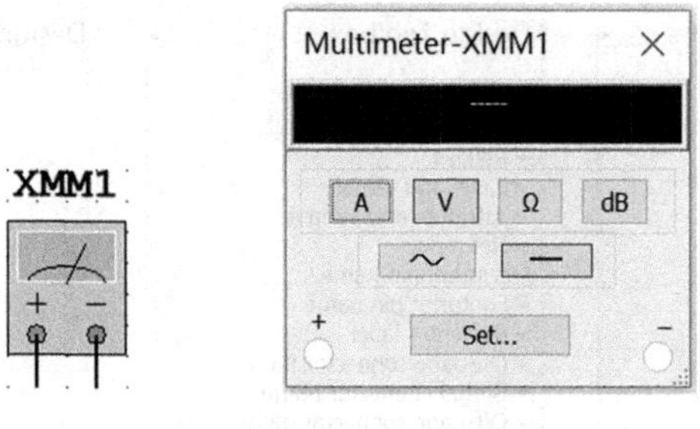

(a) 图标　　(b) 参数设置控制面板

图 7.9　数字万用表

(3)Ω:测量对象为电阻。

(4)dB:将万用表切换到分贝显示。根据电压和电流的交、直流情况,选择 ～ (交流档)或 — (直流档)。

(5)交流档:测量交流电压或电流信号的有效值。此时,被测信号的直流成分被数字万用表滤除,测量结果仅为信号的交流成分。

(6)直流档:测量直流电压或者电流的大小。

注意:当测量一个既有直流成分又有交流成分的电路的电压平均值时,将一个直流电压表和一个交流电压表同时并联到待测节点上,分别测直流电压 V_{DC} 和交流电压 V_{AC} 的大小。电压的有效值可通过下面的公式计算:

$$\mathrm{RMS}_{\mathrm{voltage}} = \sqrt{V_{DC}^2 + V_{AC}^2} \tag{7-1}$$

2. 仪表参数设置区

通过单击数字万用表界面最下方仪表参数设置区的"Set..."按钮,弹出数字万用表参数设置对话框,如图 7.10 所示。对话框分为 Electronic setting 电路设置、Display setting 显示设置 2 个区,在电路设置区中,可依次设置电流表内阻、电压表内阻、欧姆表电流、dB 相对值;在显示设置区,可依次设置电流、电压、电阻的最大显示范围。设置完成后,单击"OK"按钮保存所做的设置,单击"Cancel"按钮取消本次设置。

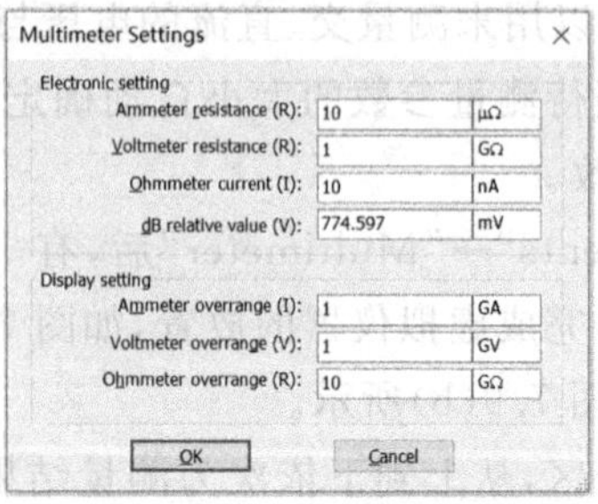

图 7.10　数字万用表参数设置对话框

面板最下方的"+"对应万用表的正极,"−"对应万用表的负极。

7.2.2　函数信号发生器

函数信号发生器(Function Generator)是一个能产生正弦波、三角波和方波信号的电压信号源，可以方便地为仿真电路提供激励。通过控制面板可以对输出信号的频率、振幅、占空比和直流分量等参数进行调整。

单击“Simulate”→“Instruments”→“Function Generator”，得到如图 7.11(a)所示的函数信号发生器图标，双击该图标，得到如图 7.11(b)所示的函数信号发生器参数设置控制面板。该控制面板的各个部分的功能如下所示。

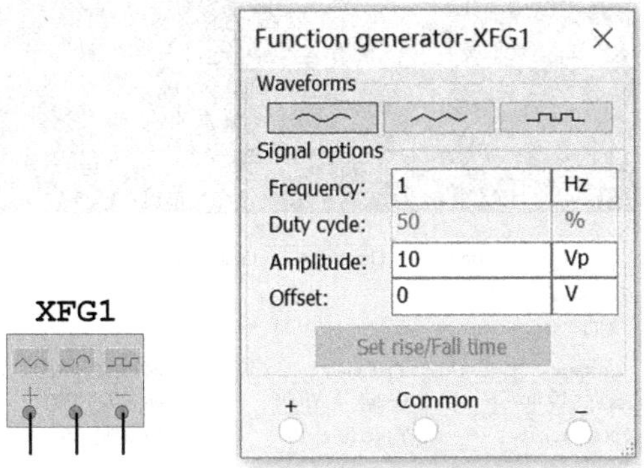

(a) 图标　　(b) 参数设置控制面板

图 7.11　函数信号发生器

图 7.11(b)中，上方 Waveforms 的三个按钮用于选择输出波形，分别为正弦波、三角波和方波。

在 Signal options 区，可以完成以下设置：

(1)频率“Frequency”：设置输出信号的频率，设置范围为 1 fHz～1000 THz。

(2)占空比“Duty cycle”：设置输出的方波和三角波电压信号的占空比，设置范围为 1%～99%。

(3)振幅“Amplitude”：设置输出信号幅度的峰值，设置范围为 1 fV～1000 TV。

(4)偏置“Offset”：设置输出信号的偏置电压，即设置输出信号中直流成分的大小，设置范围为－1000 TV～＋1000 TV。

(5)设置上升沿与下降沿的时间“Set Rise/Fall Time”：仅对方波有效。

面板最下面的“＋/－”：表示波形电压信号的正/负极性输出端。

公共端“Common”：表示公共接地端。

注意：若输出信号含有直流成分，则所设置的振幅为从直流到信号波峰的大小。

7.2.3　双通道示波器

双通道示波器(Oscilloscope)是实验中常用到的一种仪表，不仅能够显示被测量信号的波形，还可以通过显示波形测量被测信号的频率和周期等参数。

点击“Simulate”→“Instruments”→“Oscilloscope”，得到如图 7.12(a)所示的示波器图标。双击该图标，得到如图 7.12(b)所示的双通道示波器参数设置控制面板。

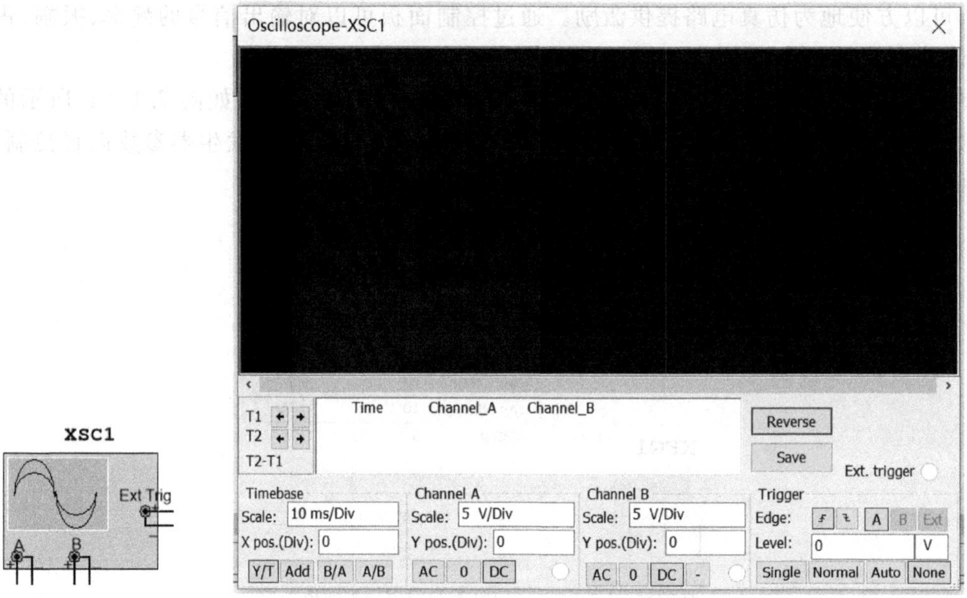

(a) 图标　　　　(b) 参数设置控制面板

图 7.12　双通道示波器

双通道示波器有 3 组接线端子,每组端子构成差模输入方式。“A”“B”两组端点分别为 2 个通道的输入,“ExtTrig”是外触发输入端。Multisim 14.0 中的双通道示波器的连接与实际双通道示波器稍有不同,当电路图中有接地符号时,双通道示波器的“A”“B”两组端子中“-”端可以不接,默认接地。

双通道示波器的参数设置控制面板主要由波形显示区、游标测量参数显示区、Timebase 区、Channel A 区、Channel B 区和 Trigger 区 6 个部分组成。

1.“时间轴”(Timebase)模块

该模块主要用来进行时基信号的控制调整。其各部分功能如下所述:

(1)Scale:X 轴刻度选择,即设置示波器显示信号时横轴每一大格所代表的时间,单位为 ms/Div。范围为 1 ps~1000 Ts。

(2)X position:用来调整时间基准的起始点位置,即设置信号在 X 轴的偏移位置。

(3)Y/T:显示随时间变化的信号波形。

(4)Add:显示的波形是 A 通道的输入信号和 B 通道的输入信号之和。

(5)B/A:选择将 A 通道信号作为 X 轴扫描信号,B 通道信号幅度除以 A 通道信号幅度后所得信号作为 Y 轴的信号输出。

(6)A/B:选择将 B 通道信号作为 X 轴扫描信号,A 通道信号幅度除以 B 通道信号幅度后所得信号作为 Y 轴的信号输出。

2.“通道”(Channel)模块

该模块用于双通道示波器输入通道的设置。

(1)Channel A:A 通道设置。

(2)Scale:Y 轴的刻度选择,即设置显示信号时 Y 轴每一格所代表的电压刻度,单位为 V/Div,

范围为 1 pV～1000 TV。

(3)Y position：用来调整示波器 Y 轴方向的原点。

① AC 方式：滤除信号的直流部分，仅仅显示信号的交流部分。

② 0：没有信号显示，输出端接地。

③ DC 方式：将信号的直流部分与交流部分相加后进行显示。

(4)Channel B：B 通道设置，用法同 A 通道设置。

3. "触发"(Trigger)模块

该模块用于设置示波器的触发方式。

(1)Edge：触发边缘的选择设置，有上边沿和下边沿等选择方式。

(2)Level：选择触发电平的大小，该选项表示只有当被显示的信号幅度超过右侧的文本框中的数值时，示波器才能进行采样显示。

(3)设置触发方式，Multisim 14.0 中提供了以下几种触发方式。

① Auto：自动触发方式，只要有输入信号就显示波形。

② Single：单脉冲触发方式，当触发电平高于所设置触发电平时，示波器就触发一次。

③ Normal：只要触发电平高于所设置触发电平时，示波器就触发一次。

④ A：用 A 通道的输入信号作为触发信号。

⑤ B：用 B 通道的输入信号作为触发信号。

⑥ Ext：用示波器的外触发端的输入信号作为触发信号。

4. 游标测量参数显示区

游标测量参数显示区是用来显示 2 个游标所测得的显示波形的数据。可测量的波形参数有游标所在的时刻，2 个游标的时间差，通道 A、B 输入信号在游标处的信号幅度。通过单击游标中的左右箭头，可以移动游标。

7.3　Multisim 14.0 电路建立及分析过程

1. 设置工作环境

(1)单击图标 NI multisim 14.0，打开 NI Multisim 14.0。

(2)单击"标准"工具栏中的"新建"按钮，弹出"New Design"(新建设计文件)对话框，选择"Blank and recent"选项，单击 Create 按钮，创建一个 PCB 项目文件。

(3)选择菜单栏中的"文件"→"保存工程为"命令，将项目另存为"测试电路 · msl4""设计工具箱"面板中将显示出用户设置的名称，如图 7.13 所示。

图 7.13　保存设计文件

2. 设置原理图图纸

选择菜单中的"选项"→"电路图属性"命令，系统弹出"电路图属性"对话框，如图 7.14 所示，设置图纸大小和方向，完成设置后，单击“确认”按钮,关闭对话框。

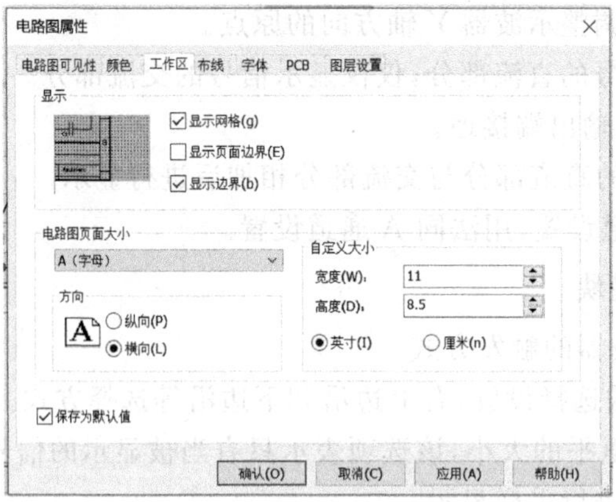

图 7.14　设置电路图属性对话框

3. 设置图纸的标题栏

选择菜单中的“绘制”→“标题块”命令,在弹出的“打开”对话框中选择标题块模板,dafault. tb7,单击“打开”按钮,在图纸右下角放置标题块。选择菜单栏中的“编辑”→“标题块位置”→“右下”命令,精确放置标题栏到图纸的右下角,如图 7.15 所示。

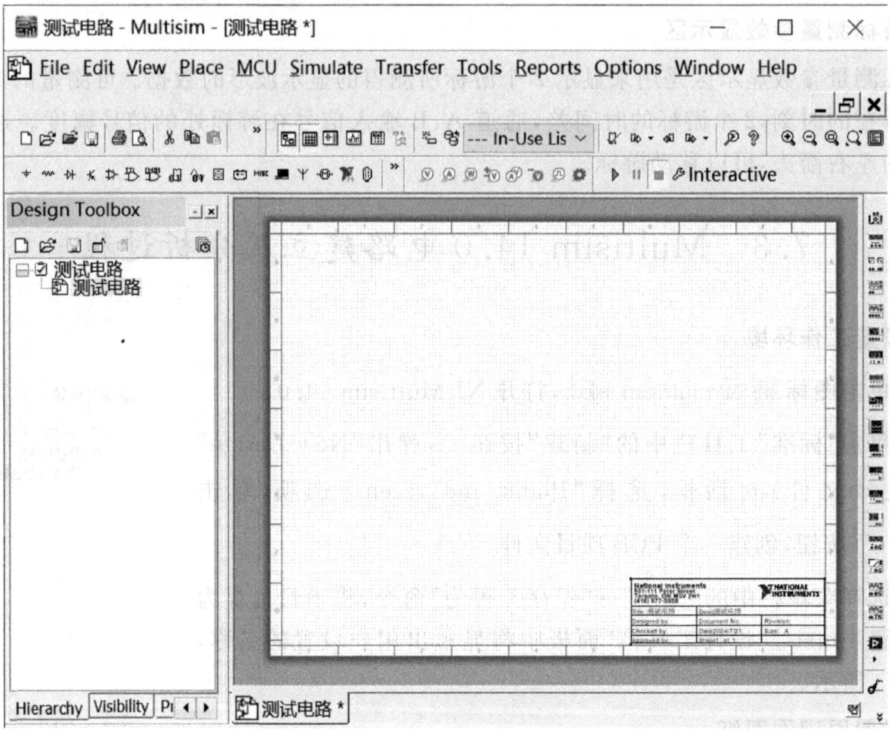

图 7.15　布置标题块

4. 绘制普通电路图

在电路编辑窗口选取电路元件，绘制电路图。Multisim 14.0 为用户提供了丰富的元件和虚拟仪器仪表，用户可以方便地从各个工具栏中调用。元件工具栏上的每一个按钮都对应一个元件库，元件库里面放置着同一类型的元件。用户可以根据需求从相应的元件库中选取需要的元件，如果不知道要选取的元件属于哪个元器件库，可以执行放置(Place)菜单中的元件(Component)命令来调用元件。可以通过双击元件对元件的参数进行设置。下面介绍几种常用电路元件的选取方法。

1)直流电源的调用

点击元件栏的放置信号源选项，出现如图 7.16 所示的对话框。

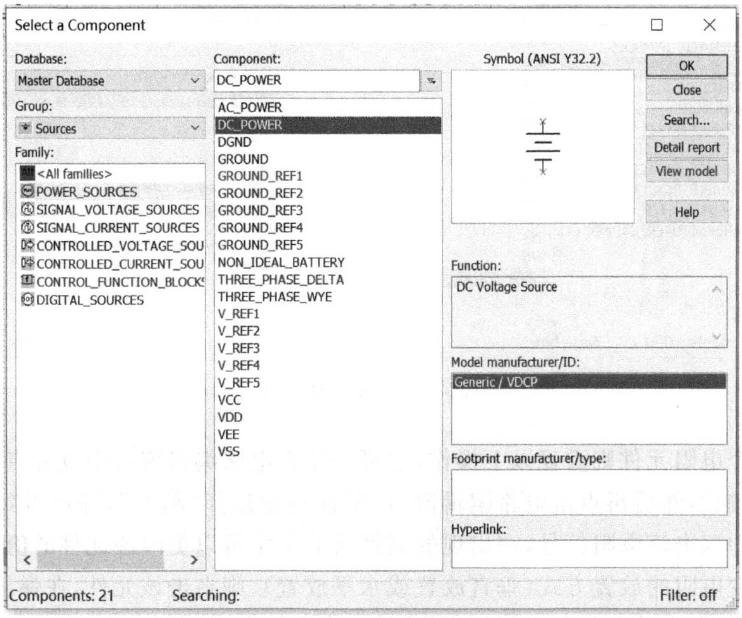

图 7.16　直流电源的调用

(1)“Database”选项里选择“Master Database”(主数据库)。

(2)“Group”选项里选择“Sources”(电源类)。

(3)“Family”选项里选择“POWER_SOURCES”(电源)。

(4)“Component”选项里选择“DC_POWER”(直流电源)。

选择好电源符号后，点击“OK”按钮，移动鼠标到电路编辑窗口，选择放置位置后，点击鼠标左键即可将电源符号放置于电路编辑窗口中，放置完成后，还会弹出元件选择对话框，可以继续放置，点击关闭按钮可以取消放置。在电路编辑窗口中双击该电源符号，在出现的属性对话框中可以更改该元件的值。

2)电阻的调用

点击“Place Basic”，弹出如图 7.17 所示的对话框。

(1)“Database”选项里选择“Master Database”(主数据库)。

(2)“Group”选项里选择“Basic”(基础类)。

(3)“Family”选项里选择“RESISTOR”(电阻)。

(4)"Component"选项里,选择"1k"。

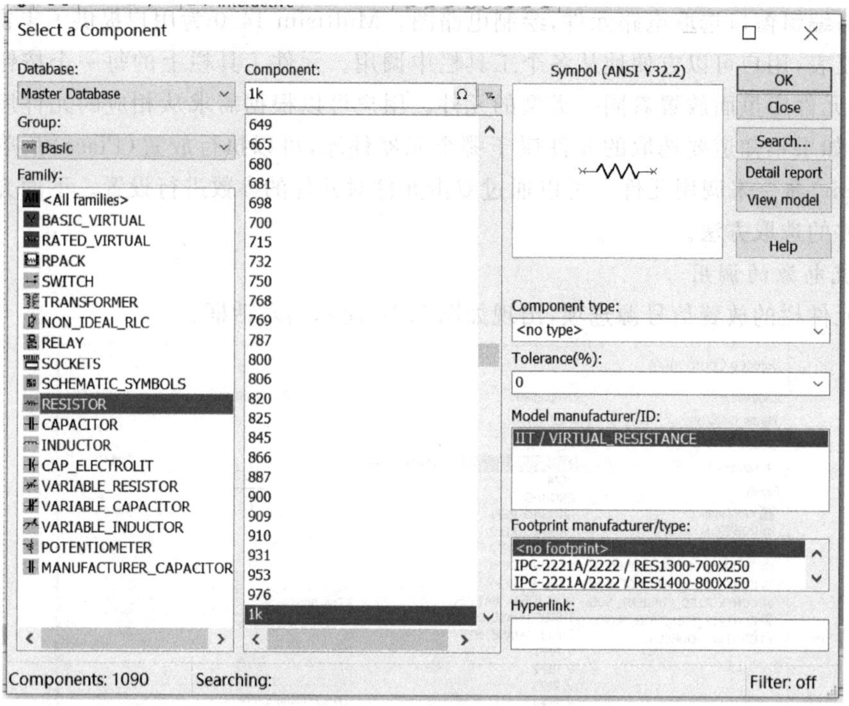

图 7.17　电阻的调用

若需要多个电阻元件则重复以上操作,也可采用在电路编辑窗口中鼠标点击选中元件,鼠标右键选择"复制",然后再点击电路编辑窗口,鼠标右键选择"粘贴",即可得到多个元件。在电路编辑窗口中双击该电阻符号,在出现的属性对话框中可以更改该元件的值。

如果要改变电阻的放置方式(垂直放置或水平放置),则右击该元件,在弹出的快捷菜单中执行"顺时针旋转 90°"或"逆时针旋转 90°"命令,则可将电阻旋转。

3)插入虚拟仪器

选择菜单栏中的"Simulate"→"Instruments"→"Multimeter"命令,或在仪器工具栏选择"Multimeter",将鼠标移动到电路编辑窗口内,这时可以看到,鼠标上跟随着一个万用表的简易图形符号。点击鼠标左键,将万用表 XMM1 放置在合适位置。万用表的属性可以双击鼠标左键进行查看和修改,将此万用表设置为直流电压表。再用同样步骤在图中放置第二个万用表 XMM2,设置为直流电流表。

4)连线

将电路元器件放置在电路编辑窗口后,就可以用鼠标方便地将元器件连接起来。将鼠标移动到电源的正极,当鼠标指针变成 ✦ 时,表示导线已经和正极连接起来了,单击鼠标将该连接点固定,然后移动鼠标到电阻 R_1 的一端,出现小红点后,表示正确连接到 R_1 了,单击鼠标左键固定,这样一根导线就连接好了。如果想要删除这根导线,将鼠标移动到该导线的任意位置,点击鼠标右键,选择"删除"即可将该导线删除。或者选中导线,直接按"Delete"键删除。将电压表并联到待测电路中,将电流表串联到电路中。

5)放置公共地线

按照前述方法,点击“放置信号源”,在“Component”选项里,选择“GROUND”,放置一个公共地线。然后,将各连线连接好,如图 7.18 所示。

注意:在电路图的绘制中,公共地线是必须的。

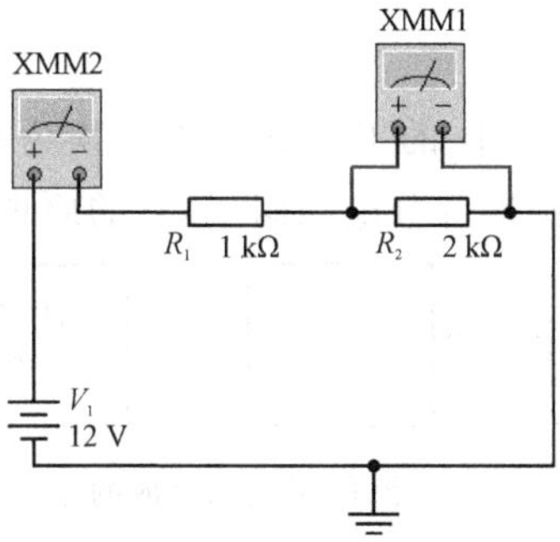

图 7.18　绘制的电路图

5. 运行仿真

电路连接完毕,检查无误后,就可以进行仿真了。点击仿真栏中的绿色开始按钮▶。电路进入仿真状态。双击图中的电压表 XMM1 和电流表 XMM2,即可弹出如图 7.19 所示的对话框,在这里显示了电阻 R_2 上的电压和电路的电流。

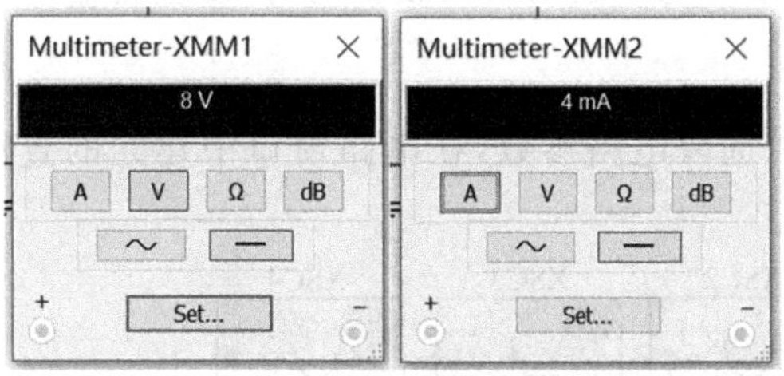

图 7.19　电压表和电流表的测量结果

如果需要改变电路参数,首先要点击仿真栏中的红色停止按钮 ■,先关闭仿真,并及时保存文件,然后再进行新的仿真。

6. 结果分析

根据电路原理,在这个电路中,电源和两个电阻构成了一个回路,根据电阻串联分压原理,电源的电压 12 V 由两个电阻分担,R_1 上的电压为 4 V,R_2 上的电压为 8 V,电路中的电流为 $12\div(1+2)$ mA=4 mA。计算结果与仿真结果一致,验证了串联电阻的分压。

7.4　Multisim 14.0 应用实例

7.4.1　直流稳压电源

1. 任务要求

设计一个采用变压器、单相桥式整流电路、电容滤波、三端集成稳压器组成的直流稳压电

源,设计要求:

(1)输入电压为交流 220 V/50 Hz,输出电压为直流 15 V,最大输出电流为 500 mA。

(2)确定电源变压器的变比;选择整流二极管、滤波电容和三端集成稳压器。

(3)画出原理电路图。

2. 设计思路

直流稳压电源是将 220 V、50 Hz 的工频交流电变换为直流电的电路。主要由电源变压器、整流电路、滤波电路、稳压电路四部分电路组成,它的原理框图如图 7.20 所示。

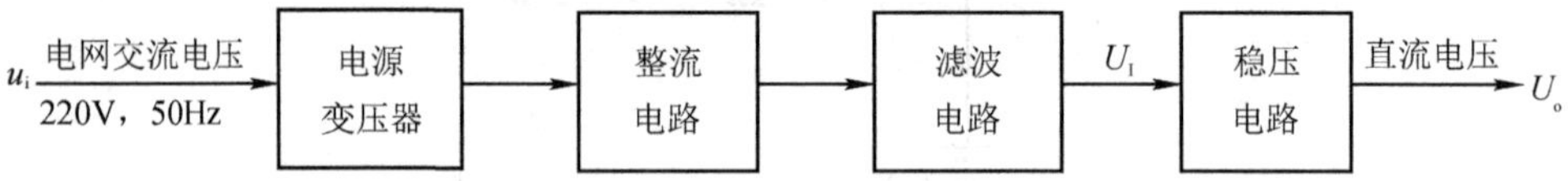

图 7.20 直流稳压电源组成的原理框图

各部分功能如下:

(1)电源变压器:将电网供给的 220 V、50 Hz 交流电压 u_i 降压后,得到电路所需的交流低压。

(2)整流电路:将交流电压变换成方向不变、大小随时间变化的单向脉动直流电压。

(3)滤波电路:滤掉交流分量,减小整流电压的脉动程度,可得到比较平直的直流电压 U_I。

(4)稳压电路:在交流电源电压波动或负载变动时,使直流输出电压 U_o 稳定。

3. 电路设计

根据要求,设计电路并选取电路参数,在电路窗口中建立的直流稳压电源仿真电路如图 7.21 所示。

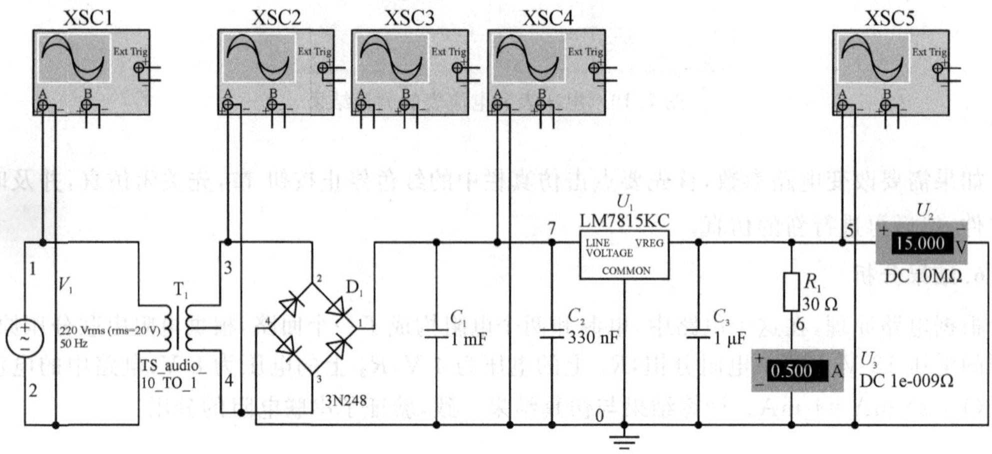

图 7.21 直流稳压电源仿真电路

因为要求输出电压为直流 15 V,最大输出电流为 500 mA,即

$$U_o = 15\text{V}, \qquad I_{omax} = 500\ \text{mA}$$

(1)变压器的选择：

变压器副边电压理论值：$U_2=\frac{U_o}{1.2}=\frac{15}{1.2}=12.5\ \text{V}$。

考虑变压器工作时的损耗，变压器副边电压实际值 $U_2'>12.5\ \text{V}$，本设计取 $U_2'=22\ \text{V}$。

变压器变比 $K=\frac{U_1}{U_2'}=\frac{220}{22}=10$。

(2)整流电压输出 $U_{o1}=0.9U_2'=0.9\times 22\ \text{V}=19.8\ \text{V}$。

整流二极管最大反向电压 $U_{RM}=\sqrt{2}U_2'=\sqrt{2}\times 22\ \text{V}=31.1\ \text{V}$。

因此，选择最大反向电压为 50～100 V 的 3N248 型二极管。

(3)因为 $U_o=15\ \text{V}$，选三端集成稳压器 LM7815。

(4)负载 R_L 的选择：$R_L\geqslant\frac{U_o}{I_{omax}}=\frac{15}{0.5}\ \Omega=30\ \Omega$，本设计选择 $R_L=30\ \Omega$。

(5)C 滤波器的选择：$C\geqslant\frac{1.5\sim 2.5}{R_L f}=\frac{1.5\sim 2.5}{30\times 50}$，$C$ 的范围为 1～1.67 mF，本设计选择电容 $C=1$ mF。

4. 仿真运行结果

用示波器分别观察变压器副边波形、桥式整流后波形、滤波后波形、经过稳压环节后的波形。变压器副边电压波形如图 7.22 所示，桥式整流后电压波形如图 7.23 所示，滤波电压波形如图 7.24 所示，经过稳压环节后的电压波形如图 7.25 所示。

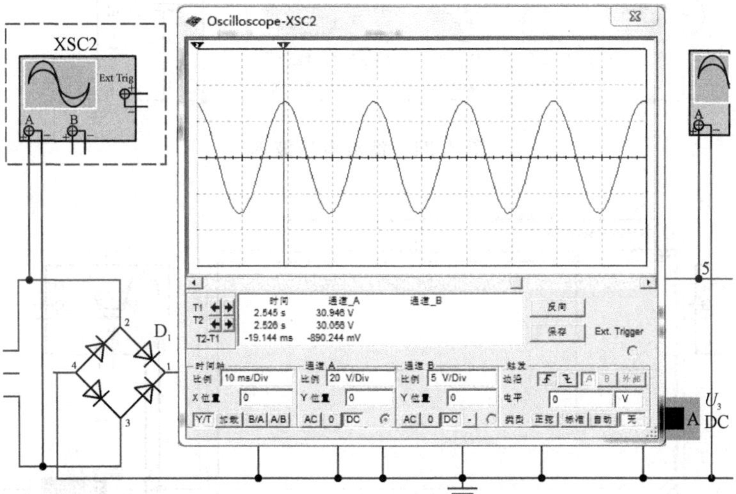

图 7.22　变压器副边电压波形

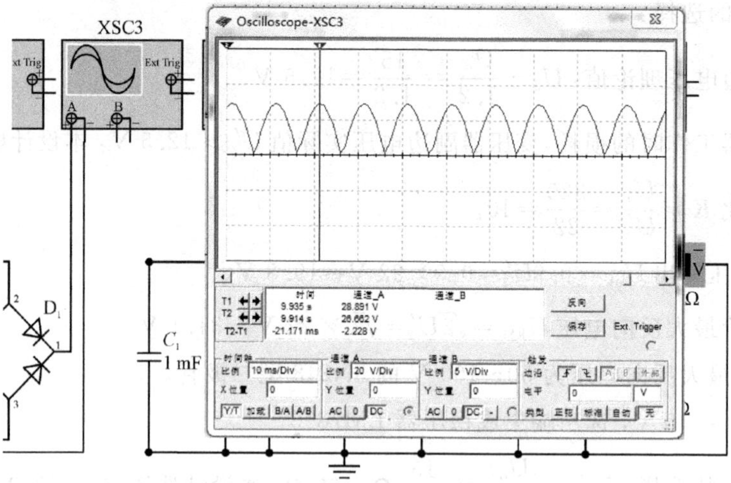

图 7.23 桥式整流电压波形

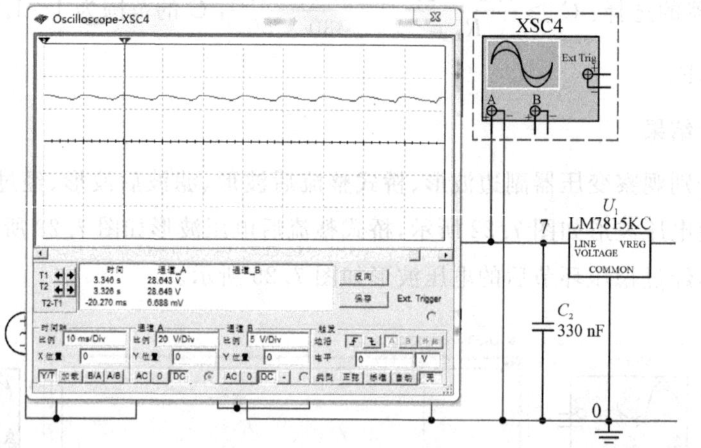

图 7.24 滤波电压波形

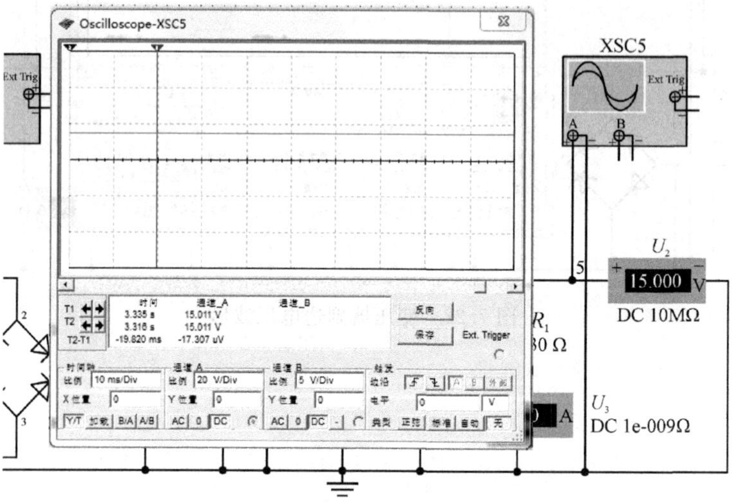

图 7.25 集成稳压器稳压电路的输出电压波形

由各波形可见，设计的直流稳压电源仿真电路，满足输出电压为直流 15 V、最大输出电流为 500 mA 的要求。

7.4.2　住院病人紧急呼叫系统

1. 任务要求

利用锁存器、优先编码器、译码器等完成住院病人紧急呼叫系统的设计，设计要求如下：

(1)每一路设计一个开关，供病人有问题时呼叫。

(2)当病人紧急呼叫时，能显示呼叫病人的编号，对应指示灯点亮，蜂鸣器鸣叫提醒医务人员。

(3)根据病人病情设置的优先级别，病情严重者优先(4 号优先级最高)。当有多人同时按下开关时，对应病人指示灯亮并发出蜂鸣声，但编号只显示优先级最高者。

(4)医务人员处理后，按下对应的应答按钮，此病人对应的指示灯熄灭，编号显示此时未处理的优先级最高者，依次处理完所有呼叫后，编号显示熄灭，蜂鸣器关闭。

2. 电路设计

根据设计要求，选择合适的元器件，在电路窗口中建立住院病人紧急呼叫系统电路如图 7.26 所示。

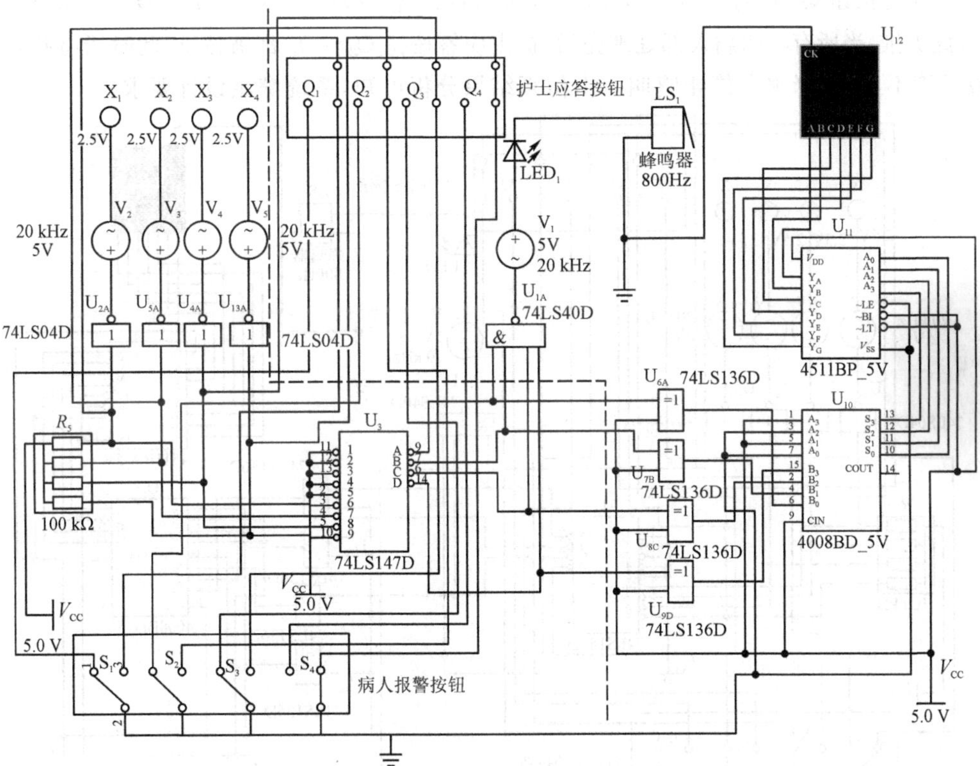

图 7.26　住院病人紧急呼叫系统电路图

当病人按下病人报警开关 S_1～S_4 时,产生低电平 0,若护士应答按钮没有按下,处于导通状态,则该低电平信号 0 分成两路,其中一路输入优先编码器 74LS147 的第 6 至第 9 输入端(74LS147 的第 1 至第 5 输入端置高电平),由于 74LS147 输入和输出都为低电平有效,当某一个输入端为低电平 0 时,4 个输出端就以低电平的形式输出对应的 8421 BCD 编码。在另外一路,报警开关 S_1～S_4 按下时产生的低电平通过一个与门,触发信号源工作,使得对应的小灯闪烁。

多人同时按下报警开关时,优先编码器 74LS147 根据信号的优先级高低对这些信号进行编码,只将其中最高优先级别信号的编码数据输出。编码输出数据为负逻辑 8421 BCD 编码,每一位和"1"异或后变为正逻辑 8421 BCD 编码。由于按键 1～4 分别接优先编码器 74LS147 的最高四位输入,对应编码为 6～9,需要在 CD4008 四位全加法器中和－5 的补码相加后,转换为 1～4 对应的二进制码,输出给显示译码器 CD4511 去驱动数码管显示。CD4511 是一个用于驱动共阴极数码管显示器的 BCD 码——七段码译码器,可以直接驱动数码管显示器。

医护人员根据目前显示的病人编号进行处理,处理完后按下相对应的应答按钮,则可以消除目前办理完的病人的编号,对应的小灯熄灭,数码管显示下一个次要优先级的病人编号。消除的原理是按下相对应的应答按钮后,使得报警按钮输出的信号和后面的电路断开。

3. 仿真运行结果

起动仿真电路,可观察到:病人报警按钮 S_2～S_4 都闭合时,蜂鸣器鸣叫,小灯 X_2～X_4 都点亮闪烁,数码管显示呼叫的优先级最高病人的编号"4",如图 7.27 所示。护士处理完 4 号病人的请求后,按下护士应答按钮 Q_4,小灯 X_4 熄灭,数码管显示呼叫的优先级次高的病人的编号"3",如图 7.28 所示。以此类推,当所有呼叫病人都处理完后,护士应答按钮 Q_2～Q_4 都被按下,此时所有指示灯熄灭,数码管不显示,蜂鸣器停止鸣叫。由仿真结果分析可知,系统满足设计要求。

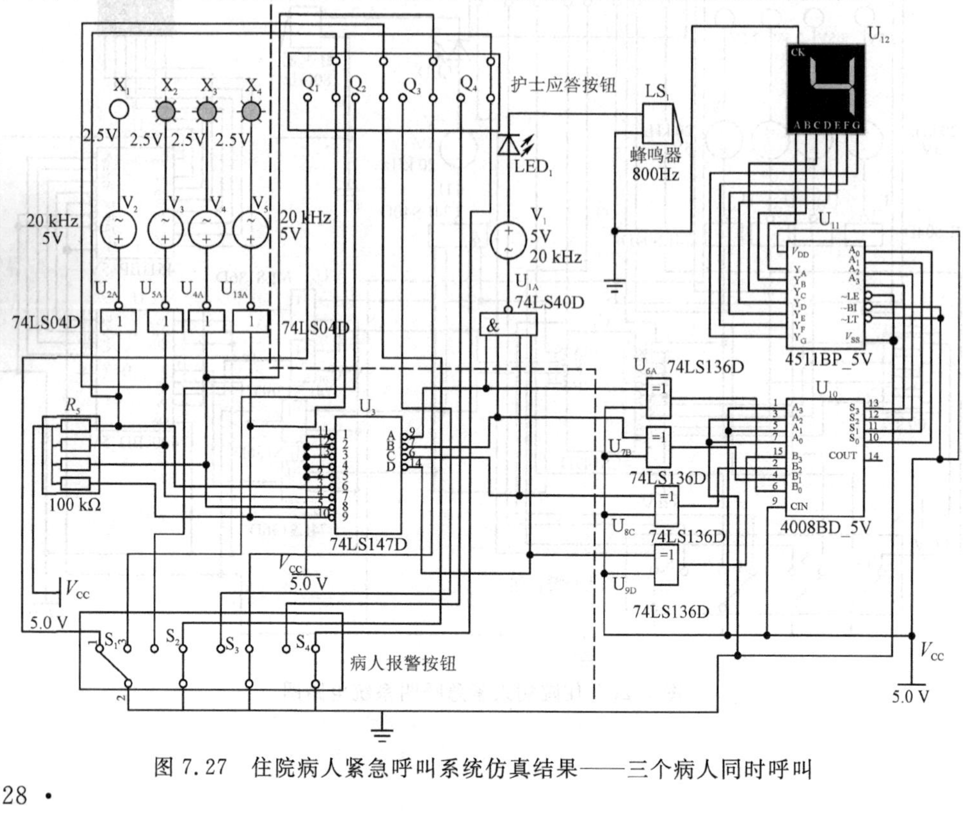

图 7.27　住院病人紧急呼叫系统仿真结果——三个病人同时呼叫

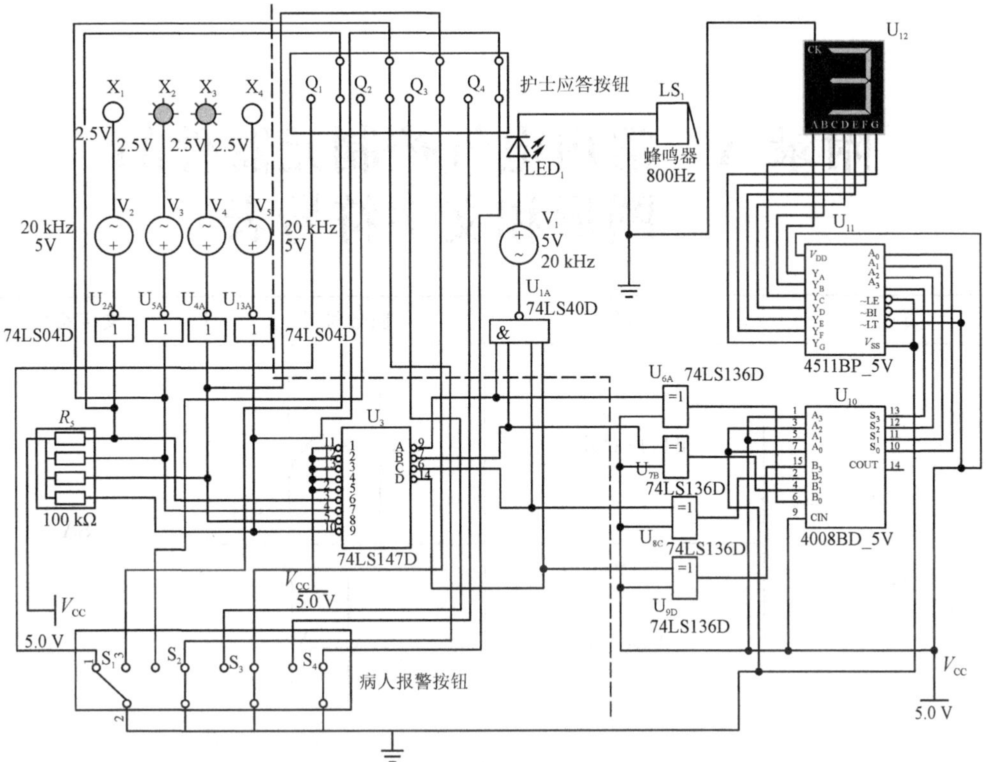

图 7.28　住院病人紧急呼叫系统仿真结果——处理完 4 号病人后

附录 A　常用电气控制元器件的图形和文字符号表

类别	名称	图形符号	文字符号
开关	单极控制开关	 或 	SA
	手动开关	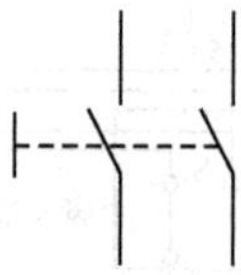	
	三级控制开关	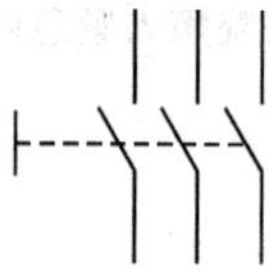	QS
按钮	常闭按钮	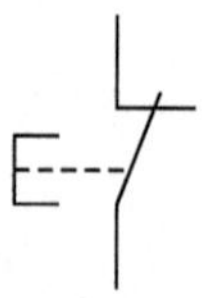	SB
	常开按钮		
	复合按钮	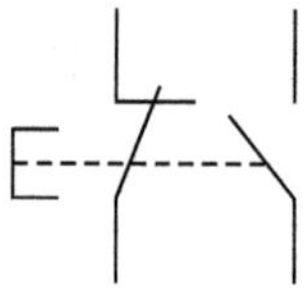	

续表

类别	名称	图形符号	文字符号
接触器	线圈	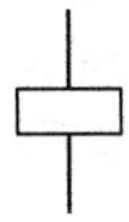	KM
	主触头	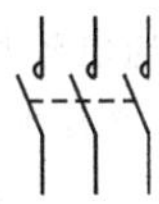	
	常开辅助触头		
	常闭辅助触头		
热继电器	发热元件	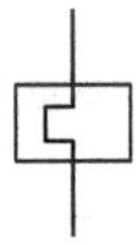	FR
	常闭触头		
中间继电器	线圈	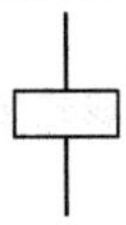	KA
	常开触头		
	常闭触头		
时间继电器	通电延时线圈	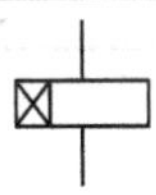	KT
	断电延时线圈	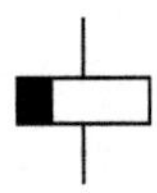	
	瞬时闭合的常开触头		
	瞬时断开的常闭触头		

续表

类别	名称	图形符号	文字符号
时间继电器	通电延时的常开触头		KT
	通电延时的常闭触头		
	断电延时的常闭触头		
	断电延时的常开触头		
熔断器	熔断器		FU
电动机	三相鼠笼式异步电动机		M
	三相绕线式异步电动机	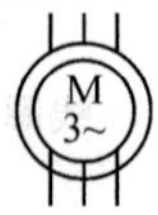	
	直流电动机	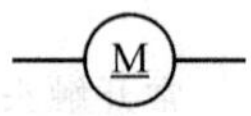	
变压器	变压器		T
灯	灯	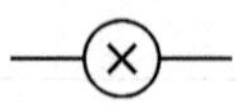	HL

附录 B 常用集成电路管脚图

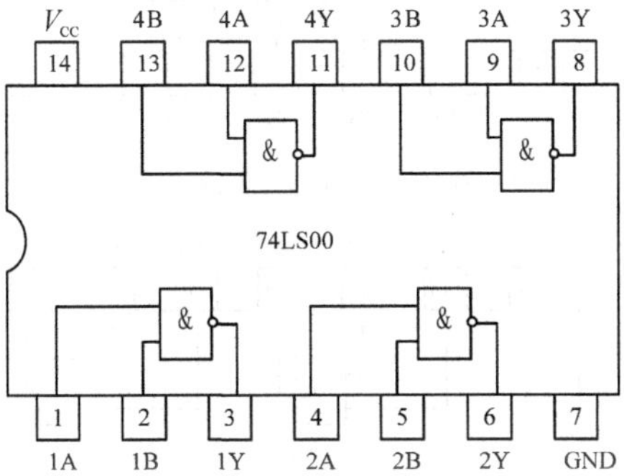

图 B.1 74LS00(CT4000)四-2 输入与非门.
74LS03(CT4003)集电极开路输出的四-2 输入与非门，
CC4011CMOS 四-2 输入与非门，
CC4001CMOS 四-2 输入或非门

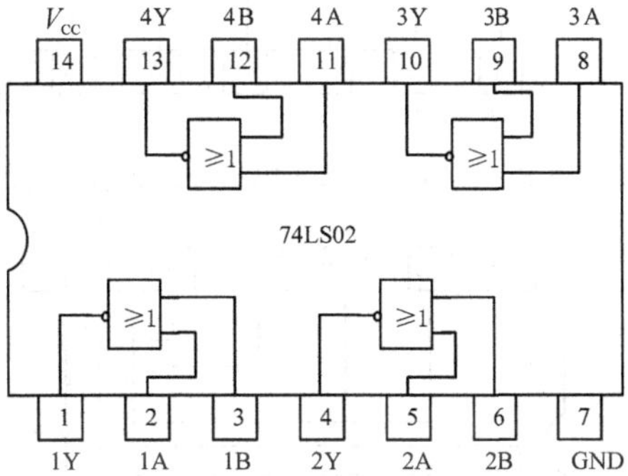

图 B.2 74LS02(CT4000)四-2 输入或非门

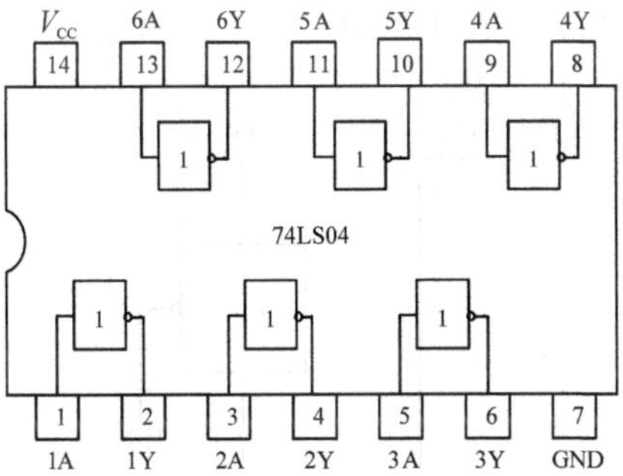

图 B.3 74LS04(CT4004)六反相器，
74LS14(CT4014)六施密特反相器

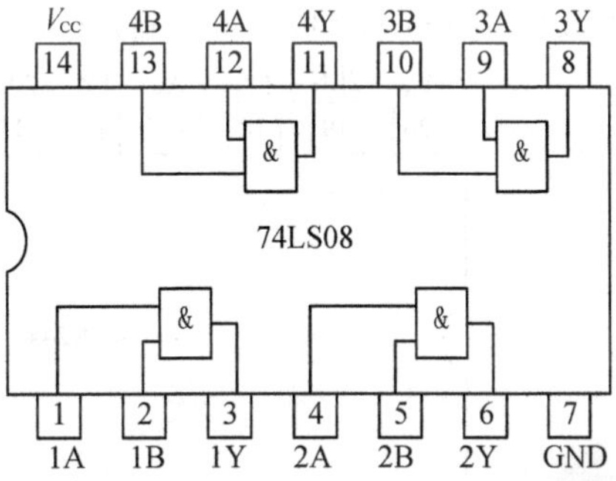

图 B.4 74LS08(CT4008)四-2 输入与门

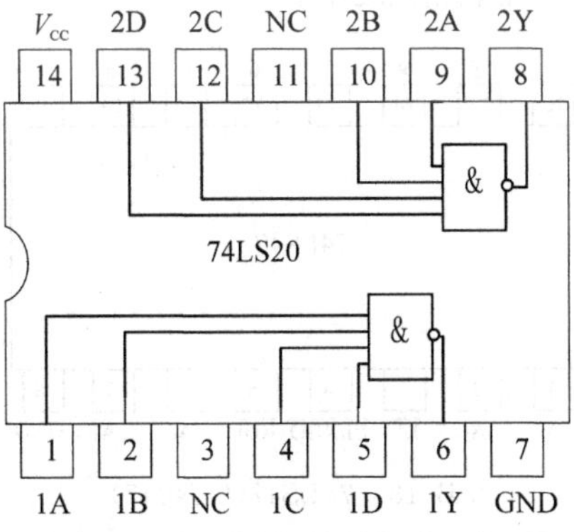

图 B.5 图 B.5 74LS20(CT4020)二-4 输入与非门

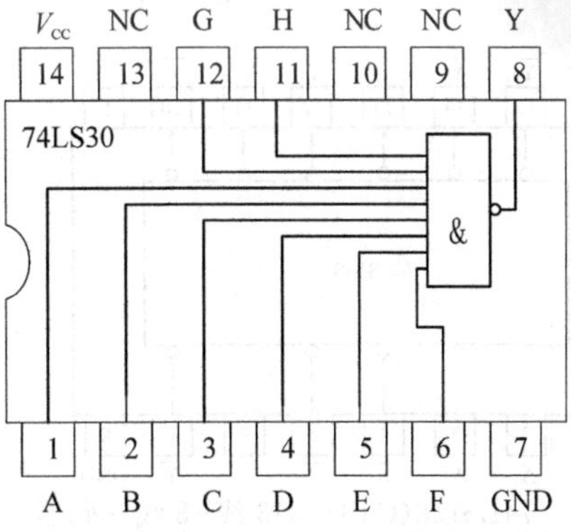

图 B.6 74LS30(CT4030)8 输入与非门

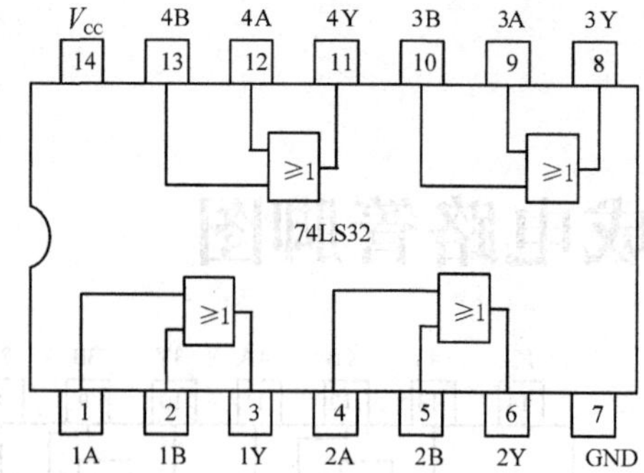

图 B.7　74LS32(CT4032)四-2输入或门

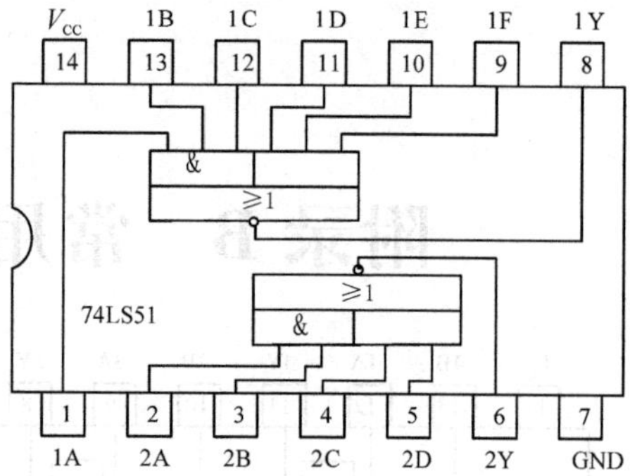

图 B.8　74LS51(CT4051)2-2输入、2-3输入与或非门

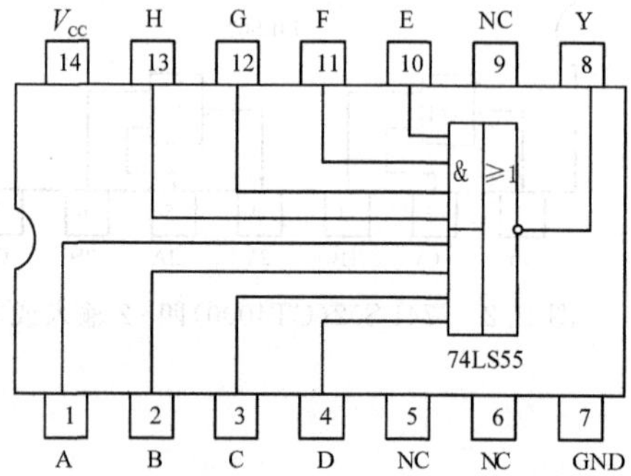

图 B.9　74LS55(CT4055)2-4输入与或非门

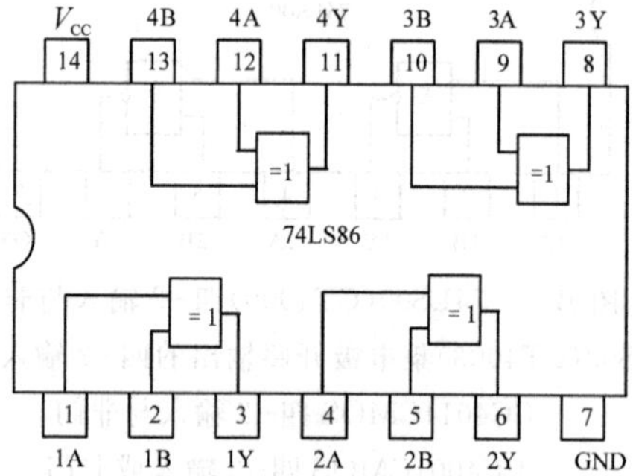

图 B.10　74LS86(CT4086)四-2输入与异或门

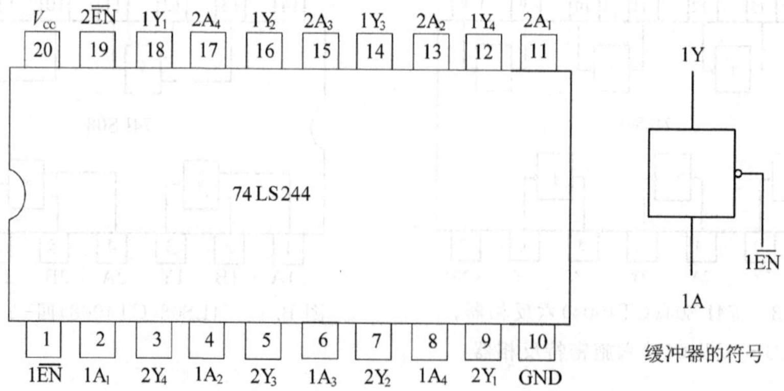

图 B.11　74LS244(CT4244)三态输出八缓冲器

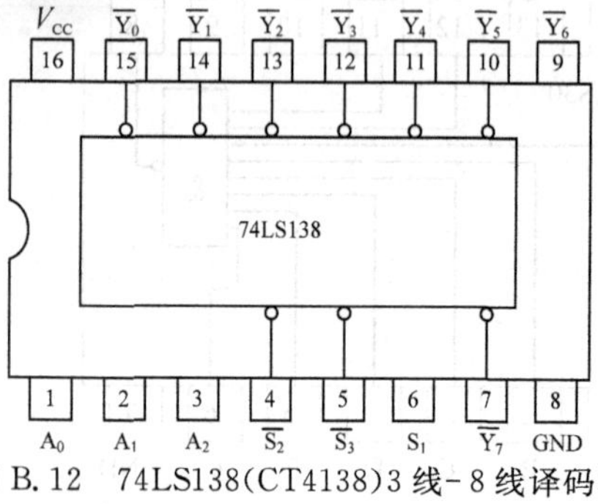

图 B.12　74LS138(CT4138)3线-8线译码器

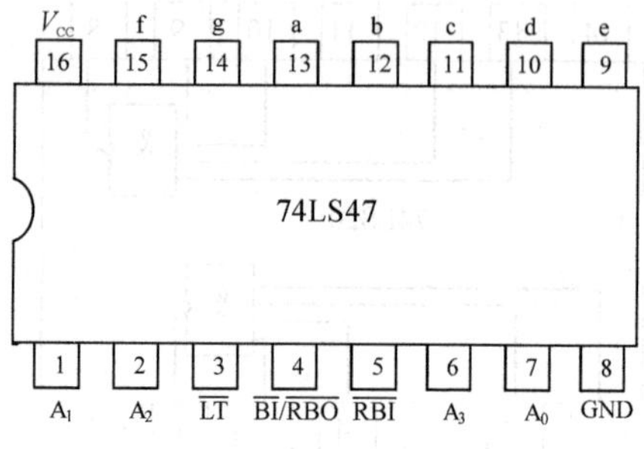

图 B.13　74LS47(CT4047)
共阳极BCD码七段译码器/驱动器(集电极开路输出)

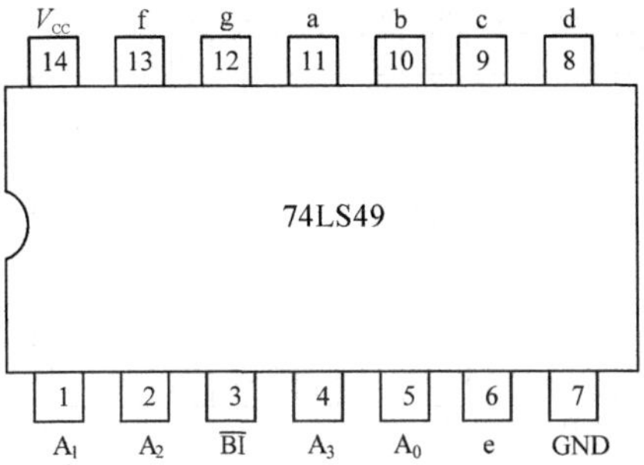

图 B.14　74LS49(CT4049)
共阴极 BCD 码七段译码器/驱动器(集电极开路输出)

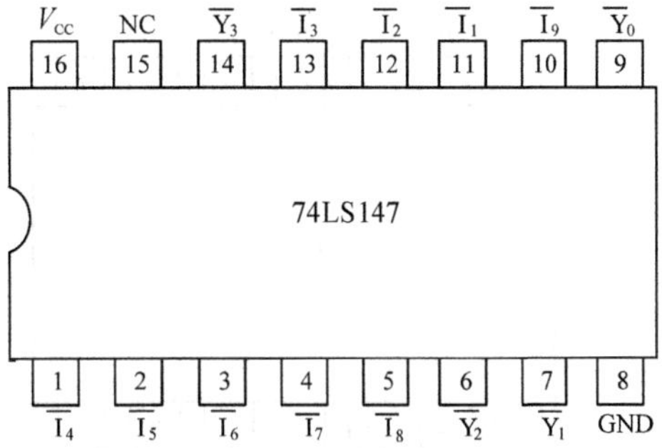

图 B.15　74LS147(CT4147)10 - 4 线 BCD 优先编码器

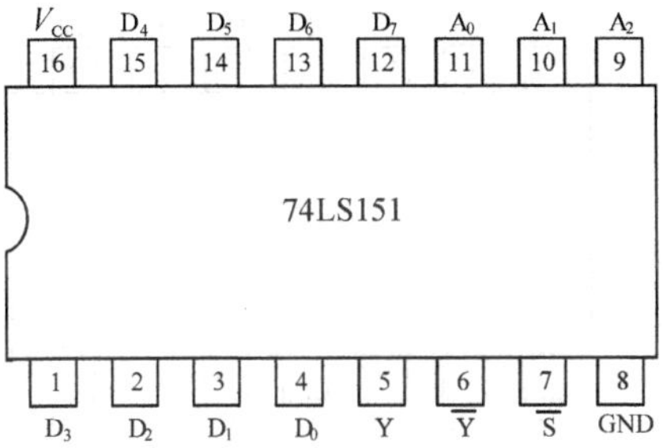

图 B.16　74LS151(CT4151)
八选一数据选择器

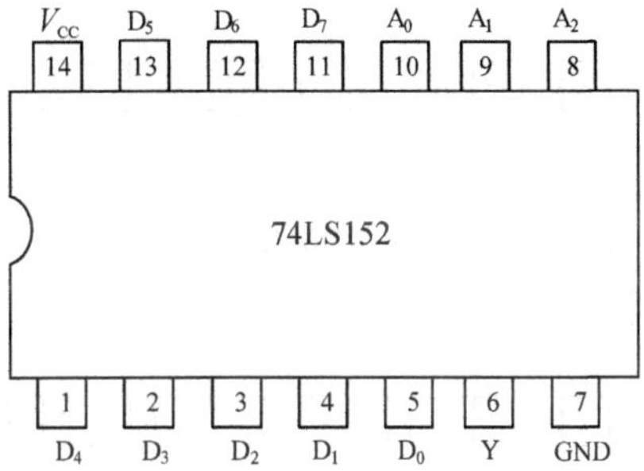

图 B.17　74LS152(CT4152)
八选一数据选择器

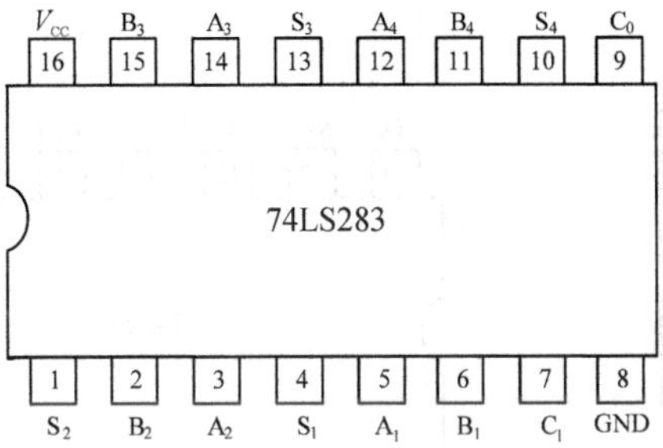

图 B.18　74LS283(CT4283)
74LS83(CT4083)四位并行进位全加器

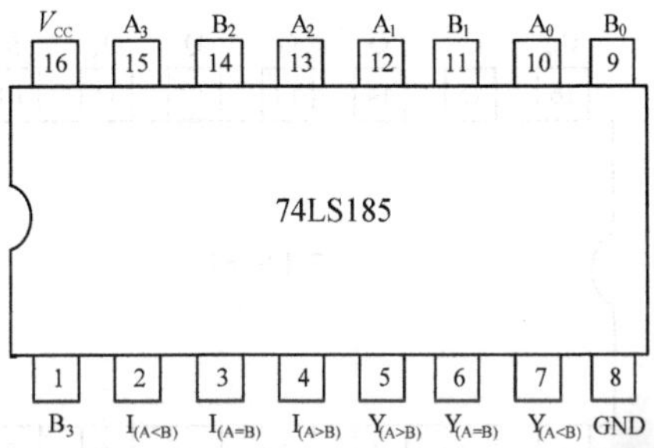

图 B.19　74LS185(CT4085)四位数值比较器

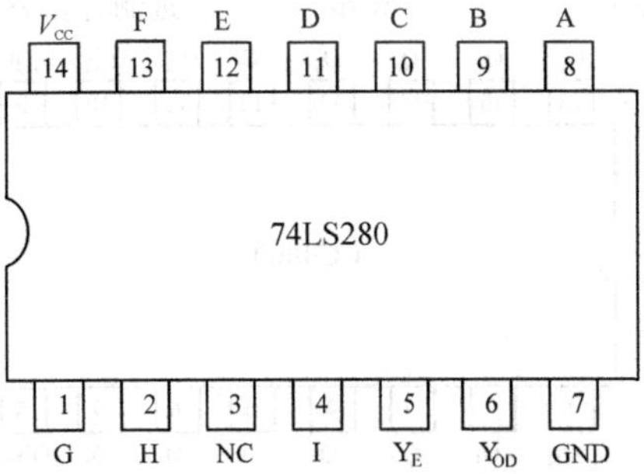

图 B.20　74LS280(CT4280)9 位奇偶校验器

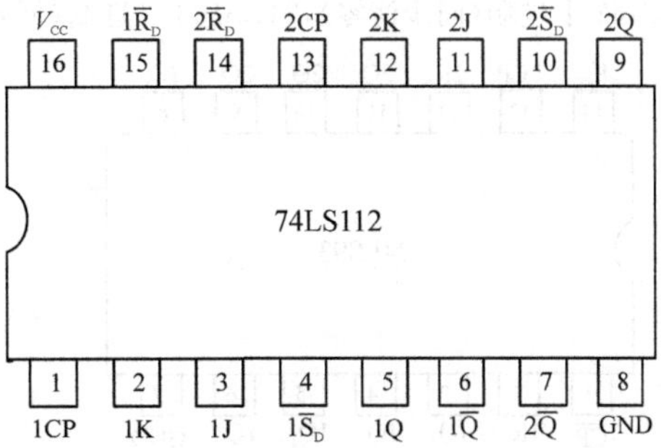

图 B.21　74LS112(CT4112)双 JK 触发器

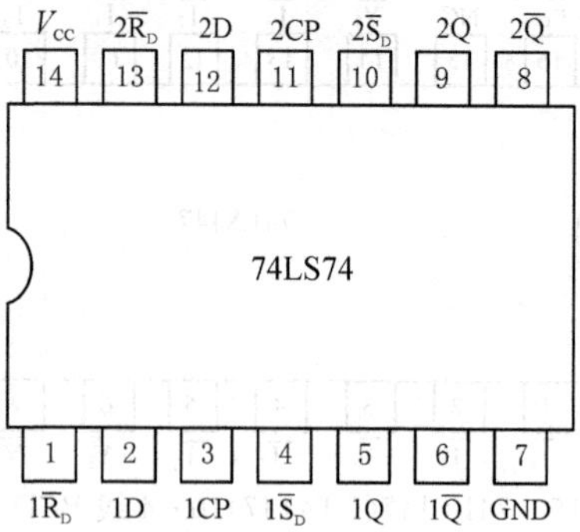

图 B.22 74LS74(CT4074)双 D 触发器

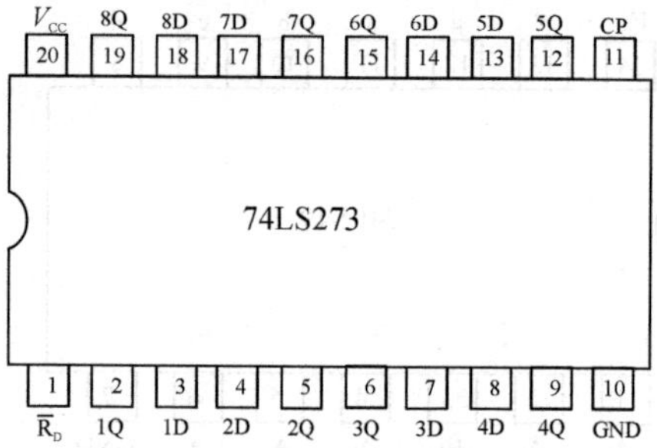

图 B.23 74LS273 8D 触发器

(公共时钟,单线输出,上升沿触发)

74LS373 8D 触发器

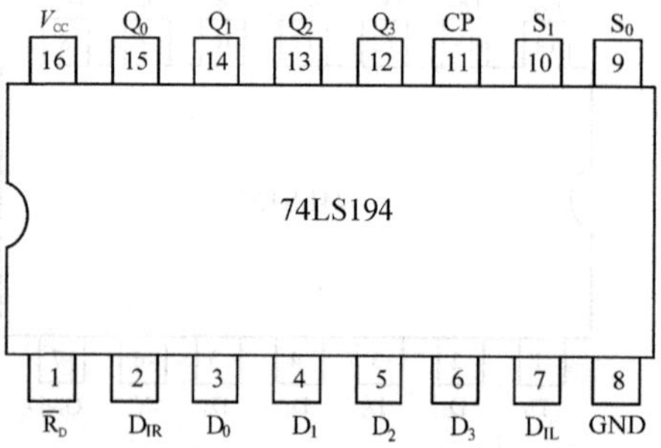

图 B.24 74LS194(CT4194)四位双向移位寄存器

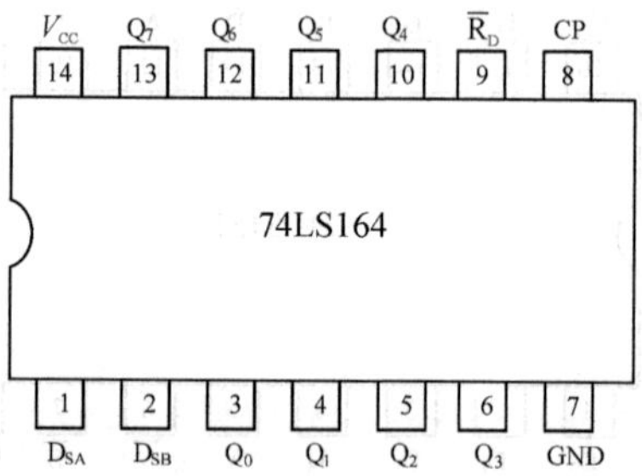

图 B.25 74LS164(CT4164)八位并行输出串行输入移位寄存器(异步清除)

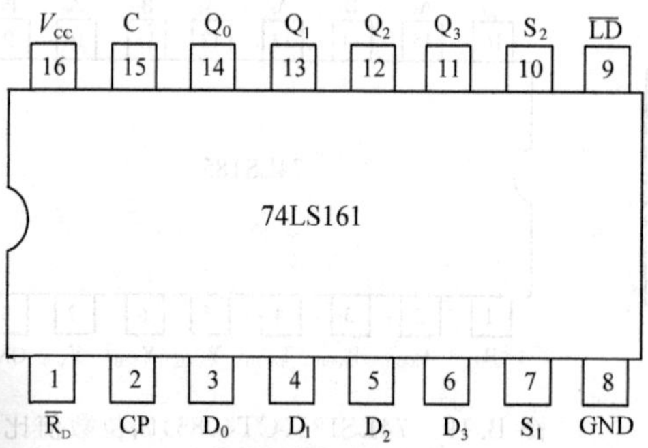

集成同步加法计数器

图 B.26 74LS160 十进制(直接清零),74LS161 二进制(直接清零),74LS162 十进制(同步清零),74LS163 二进制(同步接清零)

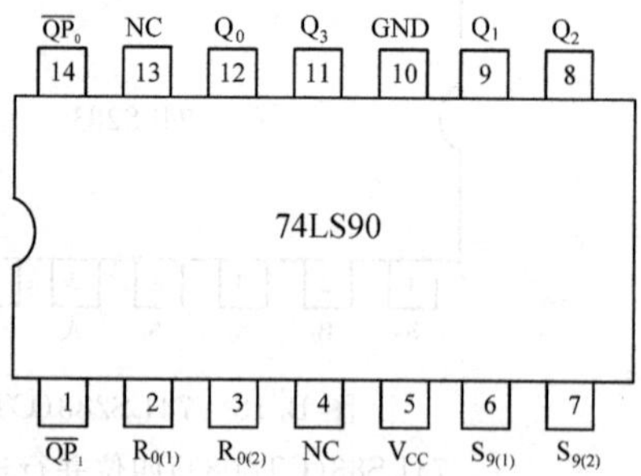

图 B.27 74LS90(CT4090)异步二-五-十进制计数器

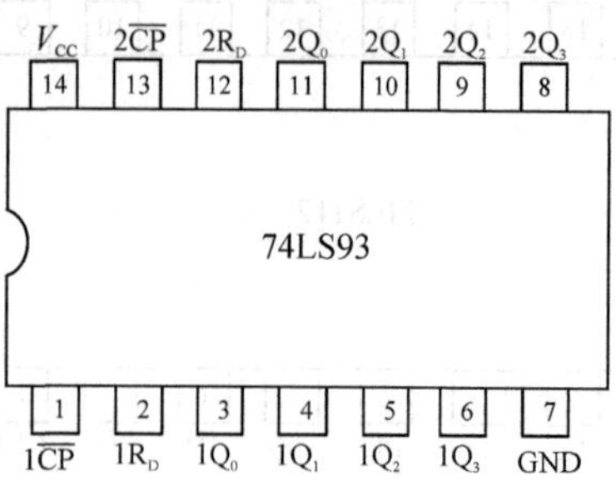

图 B.28 74LS93(CT4093)双四位二进制计数器

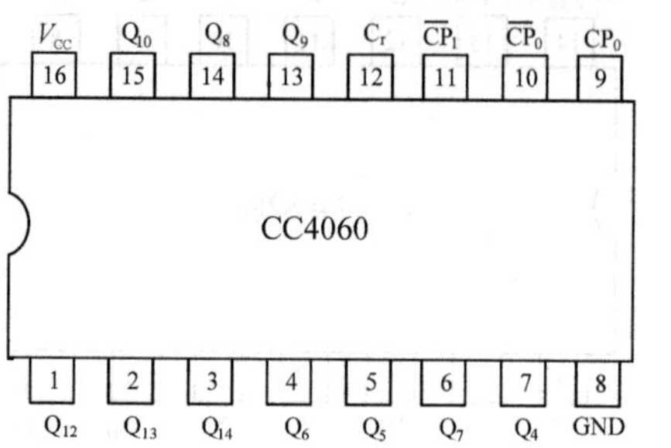

图 B.29 CC4060 十四位二进制串行计数器/分频器

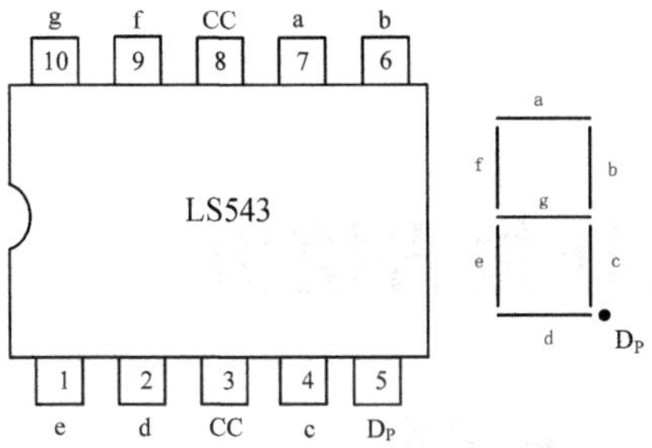

图 B.30　LS543(54)共阴极八段数码管

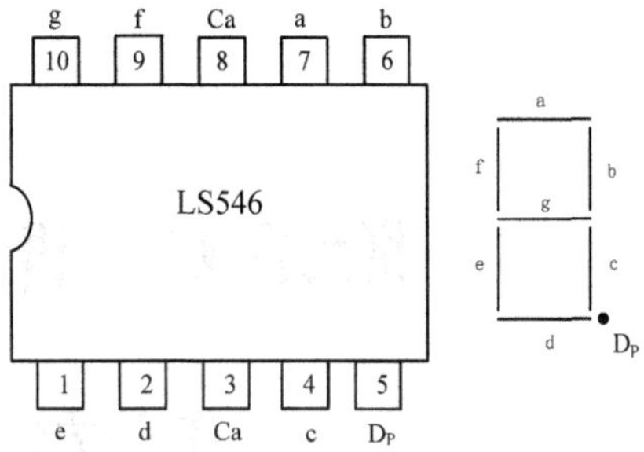

图 B.31　LS546 共阳极八段数码管

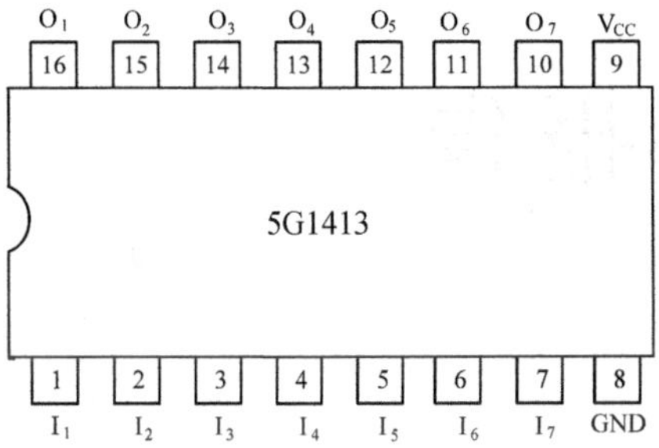

图 B.32　5G1413 八路反向驱动器

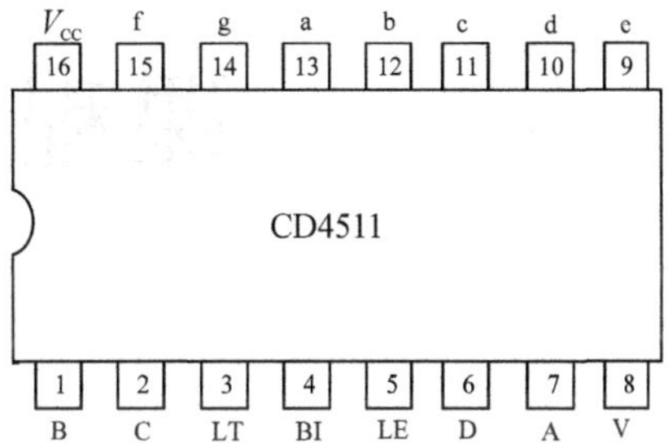

图 B.33　CD4511(5G4511)BCD 七段译码/锁存/驱动器

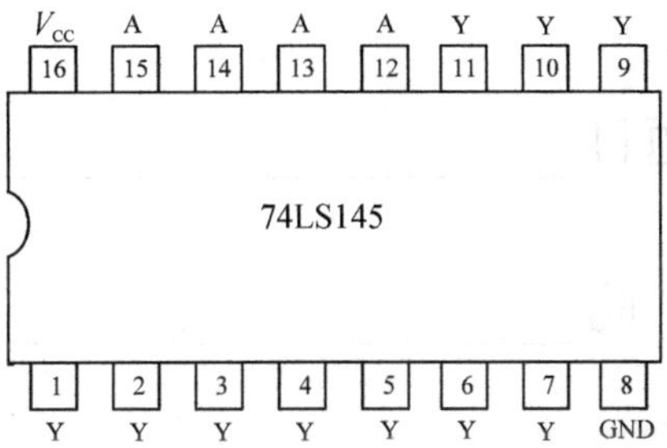

图 B.34　74LS145(CT4145)BCD 十进制译码器/驱动器

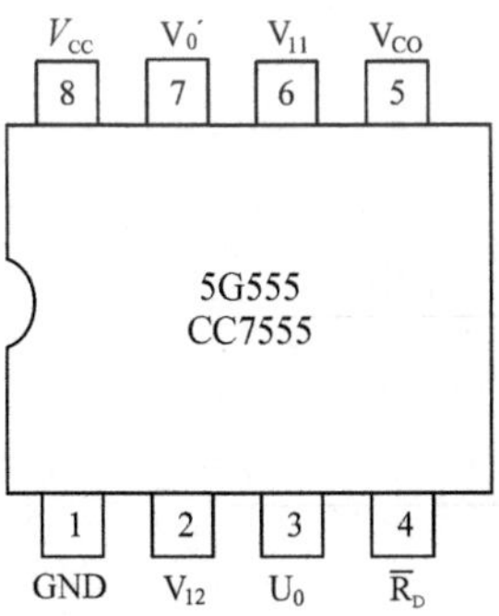

图 B.35　NE555、5G555、CC7555，555 定时器

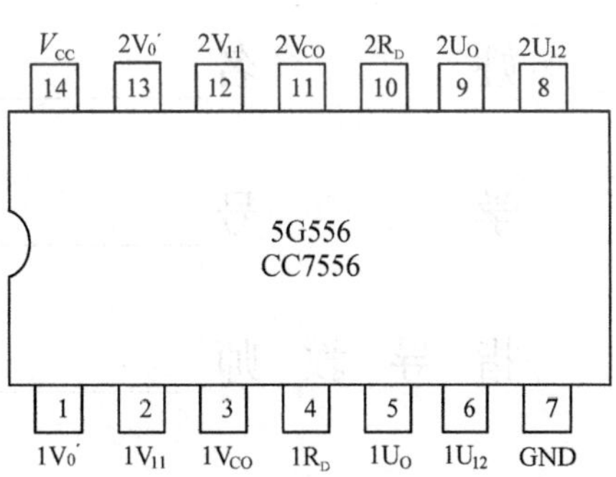

图 B.36　5G556(CC7556)双定时器

附录C　课程设计报告模板

西安××大学

课程设计报告

课程设计题目＿＿＿＿＿＿＿＿＿＿＿＿

学　　　　院＿＿＿＿＿＿＿＿＿＿＿＿

专 业 班 级＿＿＿＿＿＿＿＿＿＿＿＿

姓　　　　名＿＿＿＿＿＿＿＿＿＿＿＿

学　　　　号＿＿＿＿＿＿＿＿＿＿＿＿

指 导 教 师＿＿＿＿＿＿＿＿＿＿＿＿

年　　月　　日

目　录

题 目(三号黑体)

1　**设计任务、要求以及文献综述**

在该部分中介绍设计题目的重要性及意义,对题目中要求的功能进行的简单叙述分析,包括所制作的电子装置在国内外的应用与发展。

2　**设计方案**

2.1 设计方案选择和论证

利用所学的理论知识,并查阅相关资料,提出尽可能多的设计方案来进行比较。

2.2 电路的功能框图及其说明

根据原理正确、易于实现且实验室有条件实现的原则确定设计方案,画出总体设计功能框图,并加以说明。

3　**电路原理叙述**

3.1 电路原理及功能块分析

3.2 总体电路原理图

4　**单元电路的设计**

4.1 单元电路的设计、计算

4.2 单元电路元器件的选取

根据功能设计和技术指标要求,确定每个功能块应选择的单元电路,并注意功能块之间耦合方式的合理选择。对各功能块选择的单元电路分别进行设计,计算出满足功能及技术指标要求的电路,包括元器件选择和电路静态、动态参数的计算等,并要求对单元电路之间的适配进行设计与核算,主要是考虑阻抗匹配,以便提高输出功率、效率以及信噪比等。

5　**总电路的设计**

5.1 总电路的设计、计算

5.2 总电路元器件的选取

5.2 总电路图和安装图设计

总电路图通常是在系统框图、单元电路设计、参数计算和元器件选择的基础上设计绘制的,它是课程设计的重要文件,是原理性的电路图,是组装、调试和维修的依据。

6　**电路的仿真与调试**

6.1 电路仿真

利用仿真软件 Multisim 等,将所设计的电路原理图在系统界面下创建并用其仪器库中的模拟仪表进行仿真测试。若发现问题,立刻修改参数,重新调试直至得到满意的设计结果。

6.2 调试中出现的问题及解决方法

说明调试方法与所用的仪器,调试中出现的问题或故障分析及解决措施。

6.3 测试数据的记录与分析

7 制作与调试(评分重点)

7.1 PCB版图和元器件清单、实物照片

7.2 调试方法和过程、测试结果波形图

7.3 制作与调试过程中遇到的问题及解决办法

8 心得体会

此部分包括收获、体会及改进想法等。

9 电子元器件清单

列出设计中用到的所有元器件,包含型号、参数、数量等。

10 参考文献

在报告的最后应附上所参考的相关文献,参考文献格式如下。

[1] 刘沛津.电工电子技术实验及实训教程[M].西安:西安电子科技大学出版社,2014.

[2] 寇雪琴.基于信息技术的“电子技术”课程教学改革与实践[J].中国电力教育,2009(7):84-85.

参考文献

[1] 秦曾煌.电工学[M].7版.北京:高等教育出版社,2009.
[2] 詹迪铌,王桂琴.电工电子技术[M].北京:机械工业出版社,2023.
[3] 尹明,李会,刘真海. 电工电子电路实验教程[M].哈尔滨:哈尔滨工业大学出版社,2023.
[4] 田丽鸿. 电路基础实验与课程设计[M].南京:南京大学出版社出版, 2018.
[5] 杜萌,刘振全,王汉芝.电气控制线路及实物接线图[M].北京:化学工业出版社,2022.
[6] 李胜多,纪晶.电气控制与PLC技术应用实训教程[M].北京:中国电力出版社,2019.
[7] 张莉萍,李洪芹,吴健珍.电子技术课程设计[M]. 北京:清华大学出版社,2014.
[8] 师亚莉,陈东. 数字逻辑课程实际实训教程[M]. 北京:人民邮电出版社,2013.
[9] 赵全利.Multisim电路设计与仿真[M]. 北京:机械工业出版社,2022.